Die Grundlagen der deutschen Material- und Bauvorschriften für Dampfkessel.

Von

Professor R. Baumann

an der Kgl. Technischen Hochschule Stuttgart.

Mit einem Vorwort

von

Dr.-Ing. C. v. Bach,

Kgl. Württ. Baudirektor, Professor des Maschineningenieurwesens
an der Kgl. Technischen Hochschule Stuttgart, Vorstand des Ingenieurlaboratoriums
und der Materialprüfungsanstalt an derselben.

Mit 38 Textfiguren.

Springer-Verlag Berlin Heidelberg GmbH
1912

ISBN 978-3-662-33675-5   ISBN 978-3-662-34073-8 (eBook)
DOI 10.1007/978-3-662-34073-8

Inhaltsverzeichnis.

Vorwort.

In der Sitzung der Deutschen Dampfkessel-Normenkommission vom 16. März 1907 bin ich ersucht worden, die Grundlagen, aus denen die Normen, d. h. die Material- und Bauvorschriften für Dampfkessel (je Anlage I und II zu den „allgemeinen polizeilichen Bestimmungen über die Anlegung von Landdampfkesseln und von Schiffsdampfkesseln vom 17. Dezember 1908"), hervorgegangen sind, in einer Schrift zu erläutern. Ich habe mich damals bereit erklärt, diesem Wunsche soweit als möglich zu entsprechen, und habe geglaubt, das um so mehr tun zu sollen, als die Vorschriften zu einem großen Teile den vom internationalen Verband der Dampfkessel-Überwachungsvereine aufgestellten Grundsätzen (Würzburger und Hamburger Normen) entnommen sind, an denen ich seit einer langen Reihe von Jahren mitgearbeitet habe.

Die große Inanspruchnahme auf den verschiedenen anderen Gebieten durch amtliche und nichtamtliche, durch öffentliche und nicht an die Öffentlichkeit tretende Arbeiten, hat mich bisher gehindert, dem Wunsche nachzukommen, ganz abgesehen von der Erwägung, daß man es als zweckmäßig ansehen kann, die Unruhe, mit der fortgesetzt an den Normen herumgearbeitet wurde, etwas vorübergehen zu lassen, ehe an eine Besprechung ihrer Grundlagen herangetreten wird.

Das Bedürfnis nach Klarstellung der Grundlagen ist aber ein außerordentlich dringendes, nicht bloß für die Kreise der im Dampfkesselbau und in der Dampfkessel-Überwachung tätigen Ingenieure, sondern auch in den Kreisen der Studierenden des Maschineningenieurwesens, der jungen, heranwachsenden Ingenieurgeneration. Dieser sind die Normen, insbesondere ihre Formeln, Rezepte, nach denen gearbeitet wird. Da bei diesen Formeln nichts von den oft recht wichtigen Voraussetzungen steht, auf denen sie aufgebaut sind, auch nicht angegeben ist, wo das Wesentliche über diese Voraussetzungen nachgelesen werden kann, wird der mechanischen Benützung derselben — und zwar nicht bloß in den Kreisen der Studierenden — in recht bedeutendem Maße Vorschub geleistet. Die Briefe, welche mir in solchen Dingen im Laufe des Jahres zugehen, sprechen in dieser Hinsicht eine deutliche Sprache. Der Konstrukteur — und auch der die Sache prüfende Ingenieur — darf nicht mechanisch nach Formeln verfahren; er muß sich jeweils die Voraussetzungen vergegenwärtigen, auf denen die einzelne Vorschrift beruht, d. h. die bei der Entwicklung der Formel gemacht worden sind. Er wird jeweils viel tiefer in die Sache eindringen, wenn er sich selbst den Rechnungsweg unter eigener Verantwortung zu wählen hat, statt mechanisch nach einer behördlich empfohlenen oder gar vorgeschriebenen Formel zu rechnen. Auch die Betriebsverhältnisse, über welche die Formeln nichts besagen, muß der Ingenieur im Auge behalten. Bei Kesseln, die voraussichtlich sehr starke Beanspruchung erfahren, werden manche Erwägungen veranlaßt, die bei Kesseln, die nur mäßig beansprucht sind oder ihrer Konstruktion nach nur mäßig beansprucht werden können, entfallen.

Wie nachteilig mechanisches Verfahren nach behördlich empfohlenen oder vorgeschriebenen Formeln, behördlichen Gepflogenheiten wirken kann, das lehren die überaus schweren Unfälle auf dem Gebiete der Eisenkonstruktionen in Görlitz, Hamburg (70 betroffene Personen, von denen 13 sofort tot waren, 7 tödlich verletzt wurden; Näheres s. z. B. in der Zeitschrift „Der Eisenbau", 1911, S. 178 u. f.) [1] usw.

---

[1] Professor M. Foerster-Dresden, der sich eingehend mit der Sache befaßt hat, sagt an dieser Stelle: „Der Grund der Katastrophe war hier ausschließlich in einer nicht ausreichenden Knicksicherheit der den Behälter stützenden Konstruktionen zu suchen, und zwar war es die kritiklose Anwendung der bekannten Eulerschen Gleichung, verbunden mit der Annahme allzu günstiger Lagerungsform der Stabenden, die zu nicht ausreichenden Sicherheiten geführt hat. Dabei kann den ausführenden Firmen deshalb kein unmittelbarer Vorwurf gemacht werden, weil die Eulersche Gleichung, ohne daß auf die Grenzen der Anwendbarkeit hingewiesen wird, noch heute vielfach in den staatlichen Bestimmungen für Berechnung der Knicksicherheit vorgeschrieben ist und auch die Art der Stabanschlüsse, namentlich die durch eine größere oder geringere Einspannung bedingte wirkliche Knicklänge eine Berücksichtigung in diesen Vorschriften bisher kaum gefunden hat."

Unter Umständen müssen die Voraussetzungen, die der Konstrukteur bei der Berechnung gemacht hat, je nach ihrer Bedeutung für den gerade vorliegenden Fall zu entsprechenden Bemerkungen für die ausführende Werkstätte auf den Zeichnungen veranlassen, nach denen die Herstellung zu erfolgen hat. Es muß immer mit der Möglichkeit gerechnet werden, daß infolge Personalwechsels oder aus irgend einem anderen Grund bei der Ausführung einer wesentlichen Voraussetzung nicht oder nur ungenügend Rechnung getragen werden könnte.

Es unterliegt keinem Zweifel, daß das Arbeiten nach behördlichen Formeln die Selbständigkeit des Denkens und die Stärke des Verantwortlichkeitsgefühls herabzusetzen geeignet ist.

Unter diesen Umständen habe ich mich, da es mir wegen anderer Arbeiten in absehbarer Zeit nicht möglich sein wird, die Arbeit selbst auszuführen, für verpflichtet erachtet, Herrn Prof. R. Baumann, welcher an der K. Technischen Hochschule Stuttgart über Elastizität und Festigkeit für Maschineningenieure, sowie über Materialprüfung vorträgt, um die Abfassung der Grundlagen für die Normen zu bitten, und ihm für diesen Zweck alles vorhandene Material zur Verfügung zu stellen.

Zur Sache selbst gestatte ich mir, noch folgendes zu bemerken, wobei es sich nicht vermeiden läßt, manches zu wiederholen, was ich schon früher ausgesprochen habe[1]).

Bis zur Gründung des Deutschen Reichs bestanden in verschiedenen Bundesstaaten bis ins Einzelne gehende Vorschriften über die Wandstärken der Dampfkessel, über die erforderliche Größe der Sicherheitsventile usw. Bei der erstmaligen Aufstellung der „Allgemeinen polizeilichen Bestimmungen über die Anlegung von Dampfkesseln" 1871 für das Reich, ließ man alle diese ins Einzelne gehenden Vorschriften fallen[2]), und stellte sich in der Hauptsache auf den Standpunkt, daß die Wahl der Konstruktion und des Materials, die Bestimmung der Wandstärken usw., sowie die Ausführung dem Verfertiger unter seiner Verantwortung überlassen werden kann. Man hatte eben erkannt,

---

[1]) Vgl. z. B. Zeitschrift des Vereines deutscher Ingenieure 1905, S. 111 u. f.

[2]) Über die damaligen Preußischen Vorschriften vgl. z. B. eine der alten Auflagen „der Hütte", des Taschenbuchs für Ingenieure.

daß es weder im Interesse der Allgemeinheit noch in demjenigen der Industrie liegt, daß die Behörden Vorschriften über solche technische Einzelheiten geben, welche von der in stetigem Fortschreiten begriffenen Wissenschaft und Technik abhängen. Wie ich schon früher ausgeführt habe, sind die Behörden — selbst nach dem heutigen Stand der Wissenschaft und Technik — gar nicht in der Lage, z. B. in einem ebenen oder gewölbten Kesselboden mit Krempung, die an den verschiedenen Stellen des Bodens tatsächlich auftretenden Spannungen auch nur mit Annäherung zu berechnen, oder zu ermitteln, welche Beanspruchungen am Umfang eines Mannloches im Blech des Kessels auftreten usw. Die Unmöglichkeit, alle Wandstärken zu berechnen, besteht schon bei bekannten Kesselkonstruktionen häufiger als gewöhnlich angenommen wird; bei neuen Konstruktionen tritt sie dem Konstrukteur, der im Interesse der Sache und des Fortschritts selbständige Bahnen geht, immer und immer wieder entgegen [1]).

Daß unter der mit 1871 einsetzenden Freiheit die Zahl der Dampfkesselexplosionen sich nicht vermehrt, sondern vermindert hat und zwar trotz der gewaltigen Zunahme der Dampfspannungen, sowie der Zahl und Größe der Kessel, habe ich in der Zeitschrift des Vereines Deutscher Ingenieure 1905, S. 111 u. f. nachgewiesen. Ich entnehme dieser Stelle unter möglichster Ergänzung bis auf die neueste Zeit, soweit die Veröffentlichungen vorliegen, folgendes. Fig. I (nach der Reichsstatistik) gibt für die Zeit von 1877 bis 1910 die Zahl der Dampfkesselexplosionen und die Zahl der dabei verunglückten Personen (Tote und Verletzte) im Deutschen Reich. Beide Linienzüge zeigen deutlich die Neigung zur Abnahme; diese geht bis auf acht Explosionen mit sieben Ver-

---

[1]) Dieser Umstand hatte mich veranlaßt zu beantragen, in die Grundsätze für die Berechnung der Materialdicken neuer Dampfkessel (Hamburger Normen, letzte Ausgabe 1905), aufgestellt vom Internationalen Verband der Dampfkessel-Überwachungs-Vereine die Bestimmung aufzunehmen, daß da, wo es nicht möglich ist, auf dem Wege der Rechnung die Widerstandsfähigkeit eines Kessels oder einzelner Teile desselben festzustellen, der Weg des Versuchs zu beschreiten ist. Diese Bestimmung ist dann auch von hier in die Deutschen Bauvorschriften für Dampfkessel in folgender Fassung aufgenommen worden:

„Die Druckprobe wird in solchen Fällen zur Festigkeitsprobe, und ist dann mit dem zweifachen Betrag des beabsichtigten Betriebsüberdruckes auszuführen."

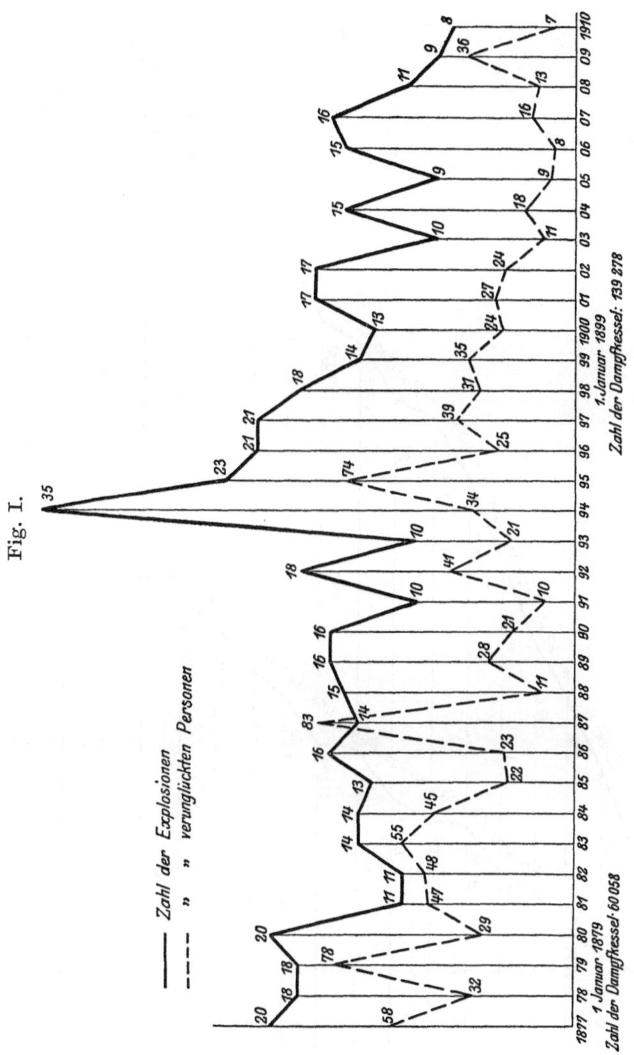

unglückten im Jahre 1910, und das trotz der Zunahme der Kessel
auf reichlich das Dreifache, der Steigerung der Größe derselben,
und trotz der großen Erhöhung der Dampfspannungen seit 1877.

Die hohe Zahl von 35 Explosionen im Jahre 1894 ist die
Folge eines Erlasses des Reichskanzlers vom 24. Februar 1894,

Vorwort.

Fig. II.

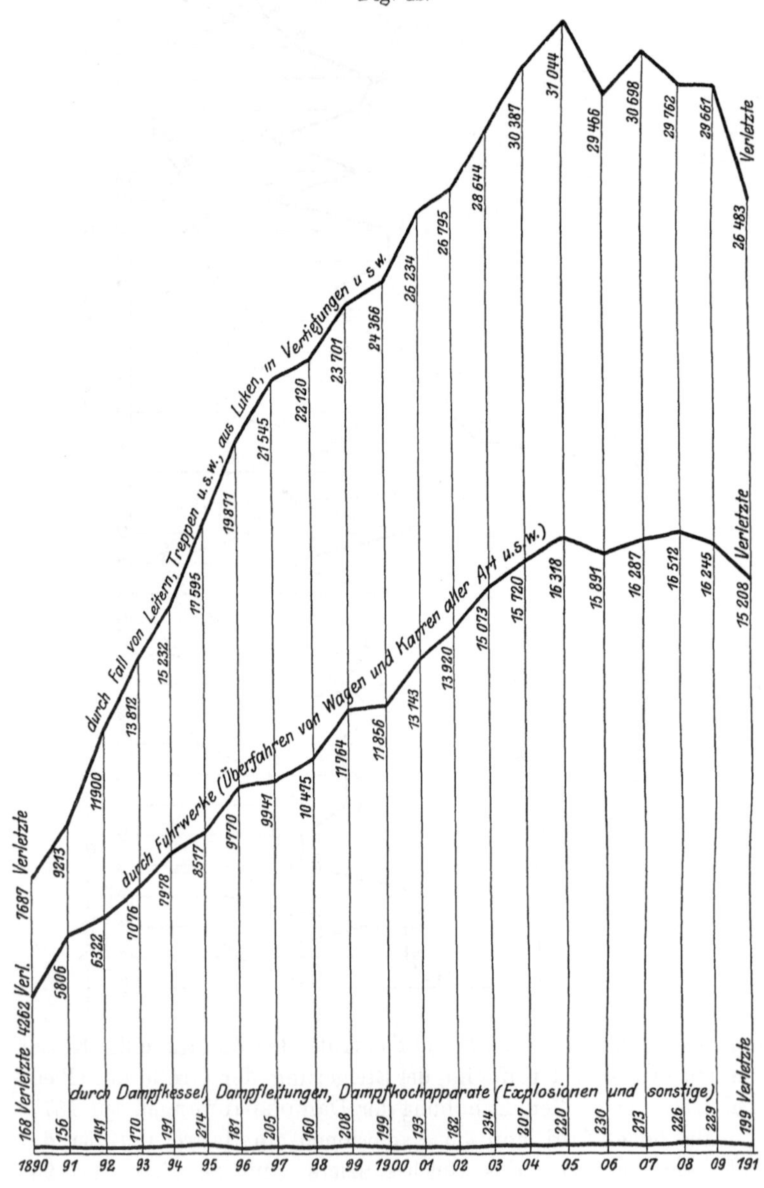

durch welchen Erlaß eine Anzahl Unfälle als Explosionen aufgenommen wurde, die in Wirklichkeit keine Explosionen waren[1]). Diese Bemerkung gilt auch noch für die Zahlen einiger der folgenden Jahre.

Die amtliche Explosionsstatistik lehrt somit deutlich, daß die deutsche Industrie ohne behördliche Vorschriften über Materialprüfung, Wandstärken usw. mit durchschlagendem Erfolg bestrebt gewesen ist, die Explosionen und ihre Folgen für Leben und Gesundheit zu vermindern.

Zu demselben Ergebnis führt die Statistik, welche in den „Amtlichen Nachrichten des Reichsversicherungsamtes" aus den Jahren 1892 bis 1912 erschienen ist. In der beigefügten Tafel (S. 15) ist die bis einschließlich 1910 reichende Zusammenstellung enthalten.

Die erste Gruppe, „Motoren, Transmissionen, Arbeitsmaschinen usw." weist für das Jahr 1890 als Anzahl der verletzten Personen, für die im Laufe des Rechnungsjahres 1890 Entschädigungen festgetsellt wurden, 7777 auf. Diese Zahl steigt im Jahre 1907 auf 21 146 und beträgt 1910 18 717, die zweite Gruppe „Fahrstühle, Aufzüge, Krane, Hebezeuge" beginnt mit 824 und schließt mit 3281 Verletzten.

Die dritte Gruppe „Dampfkessel, Dampfleitungen und Dampfkochapparate (Explosionen und sonstige)" unterscheidet sich von den erwähnten Gruppen dadurch, daß hier ein ausge-

---

[1]) Dieser auf Antrag des Direktors des Kaiserlichen statistischen Amtes ergangene Erlaß ordnete eine ganz verfehlte Begriffsbestimmung für „Dampfkesselexplosion" an, wie ich in der Sitzung des württ. Bezirksvereines vom 5. April 1894 (Zeitschrift des Vereines deutscher Ingenieure 1894, S. 909) dargelegt habe. Das führte zu einer Eingabe an die württ. Regierung und sodann zu der Eingabe an den Reichskanzler vom 28. Juni 1894, die in der genannten Zeitschrift 1894, S. 887 veröffentlicht ist.

Wie bekannt, gelang es schließlich den vereinten Bemühungen (vgl. Zeitschrift des Vereines deutscher Ingenieure 1896, S. 448), die Aufstellung einer sachgemäßen Definition für „Dampfkesselexplosion" herbeizuführen (Beschlüsse des Bundesrats vom 21. Januar 1897). Dieselbe hat eine ergänzende Klarstellung erfahren durch die Vereinbarung des Vereines deutscher Ingenieure mit der Vereinigung der in Deutschland arbeitenden Privat-Feuerversicherungs-Gesellschaften hinsichtlich des Begriffs „Explosion" (vgl. Zeitschrift dieses Vereines 1911, S. 1663).

Einblick in die Entstehungsgeschichte des Erlasses des Reichskanzlers vom 24. Februar 1894 gewähren die in der mehrfach genannten Zeitschrift 1905, S. 379 und 380 veröffentlichten Zuschriften.

prägtes Wachstum wie bei diesen nicht vorhanden ist. Mit 168 beginnend steigt die Zahl 1895 auf 214, fällt dann wieder, beträgt 1903 234 und sinkt 1910 auf 199. Der untere Linienzug in Fig. II zeigt das anschaulich.

Werden die Zahlen der Gruppe 3 je in Vergleich gestellt mit der Gesamtzahl der Verletzten, welche unter Ziff. 15 in der Zusammenstellung angeführt ist, so finden sich die unter Ziff. 16 angegebenen Prozentsätze. Diese zeigen eine ausgeprägte Abnahme. Hieraus darf zunächst geschlossen werden, daß die verhältnismäßige Gefährdung durch Dampfkessel, Dampfleitungen und Dampfkochapparate (Explosionen und sonstige) ganz erheblich abgenommen hat und zwar von 0,40 Prozent auf rund 0,15 Prozent trotz des Wachstums der Dampfspannungen und trotz der Zunahme der Abmessungen.

Fig. III.

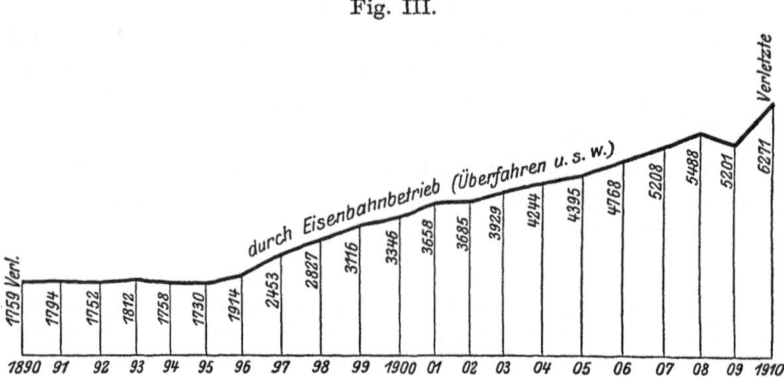

Aus der Zusammenstellung folgt ferner, daß von den einzelnen Gruppen Ziff. 1 bis 14 diejenige unter 3 (Dampfkessel, Dampfleitungen und Dampfkochapparate) die weitaus kleinste Zahl der Verletzten aufweist. Man vergleiche dagegen die Zahl der Verletzten unter Ziff. 7 (Fall von Leitern, Treppen usw.), dargestellt durch den oberen Linienzug in Fig. II, oder die Zahlen unter Ziff. 9 (Fuhrwerke usw.), dargestellt durch den mittleren Linienzug in Fig. II, oder diejenigen unter Ziff. 10 (Eisenbahnbetrieb), welche den Linienzug in Fig. III ergeben. Für das Jahr 1910 liefert Gruppe 7 26483 : 199 = 134 mal mehr als Gruppe 3, Gruppe 9 15208 : 199 = 76 mal mehr als Gruppe 3 usw.

Diese Zahlen und die Darstellungen in Fig. I bis III zeigen deutlich, wie außerordentlich weit die Schädigungen durch den Dampfkessel zurücktreten gegenüber denjenigen durch andere Ursachen dank der Leistungen des Maschinen- und Kesselbaues, sowie des Eisenhüttenwesens, dank der Überwachung insbesondere durch die von der Industrie ins Leben gerufenen Revisions-Vereine, ferner dank derjenigen Arbeiten, welche sich mit der Forschung auf dem Gebiete des Dampfkesselwesens usw. beschäftigen, und die sich insbesondere erstrecken auf die Beschaffenheit sowie auf die Eigenschaften des Materials, auf die Einflüsse, die sich bei Herstellung der Kessel und bei der Behandlung der fertigen Kessel geltend machen können, außerdem auf die Sicherung und Erweiterung der Grundlagen der Berechnung der Kessel sowie auf die Zuverlässigkeit in der Beurteilung der tatsächlichen Widerstandsfähigkeit derselben.

Der Aufsatz in der Zeitschrift des Vereines Deutscher Ingenieure 1905, S. 111 u. f. sowie der Bericht an derselben Stelle S. 1958 u. f. geben Auskunft über den Widerstand, den der Versuch der Einführung von behördlichen Bestimmungen, wie sie jetzt in den Bau- und Materialvorschriften für das Reich vorliegen, hervorrief. Die Mehrzahl der Industriellen, soweit von dem Zutagetreten einer solchen überhaupt gesprochen werden kann, nahm schließlich die Meinung an, daß durch die Einführung derartiger ins Einzelne gehender Vorschriften die Freizügigkeit der Dampfkessel im Deutschen Reich gesichert werde, und stimmte ihr zu, namentlich als sie Kenntnis davon erhalten hatte, daß in die Vereinbarungen der verbündeten Regierungen die Bestimmung aufgenommen werden sollte: „Erschwerende Bestimmungen für den Bau und die Ausrüstung von Dampfkesseln mit Anforderungen, die weitergehen als diejenigen der allgemeinen polizeilichen Bestimmungen über die Anlegung von Land- oder von Schiffsdampfkesseln, werden die verbündeten Regierungen ohne vorhergehende Verständigung nicht erlassen.“

Wenn es — wie ich bereits in der Zeitschrift des Vereines Deutscher Ingenieure 1905, S. 111 u. f. dargelegt habe — ausführbar wäre und wenn es der derzeitige Stand unserer Erkenntnisse überhaupt zuließe, in behördlichen Vorschriften alle wesentlichen Einzelheiten aufzunehmen, wozu auch gehören würde, daß auf die in Betracht kommenden Konstruktionsmöglichkeiten — mindestens in grundsätzlicher Hinsicht — erschöpfend eingegangen wird, und wenn es gelänge, die für die zulässigen Mindestabmessungen oft stark Einfluß nehmende Güte der Herstellungsarbeiten sowie die Verschiedenartigkeit der Betriebsverhältnisse in den Vorschriften zu berücksichtigen, so könnte man auf diesem Wege wohl zu der vermißten Einheitlichkeit gelangen, insoweit diese nicht durch die Unvollkommenheit der Menschen, in deren Händen die Handhabung der Vorschriften liegt, überhaupt unmöglich gemacht wird. Zunächst ist aber — wie jedem mit der Sache ausreichend Vertrauten klar vor Augen steht — diese erschöpfende Darstellung nicht ausführbar; sodann sind nicht wenige der technischen Einzelheiten infolge des Fortschreitens der Wissenschaft und der Technik fortgesetzten Wandlungen unterworfen, und schließlich ist eine gleiche Handhabung der Vorschriften für das ganze Reich nicht zu erwarten.

In Wirklichkeit ist ein großer Teil der Freiheit verschwunden, und die Freizügigkeit doch nicht erreicht. Dazu kommt, daß Vorkommnisse, die dem mit der Sache Vertrauten nichts Neues bieten, sofort Anlaß geben, neue Vorschriften vorzuschlagen und dadurch abermals Beunruhigung in der Industrie hervorzurufen [1]), und daß selbst die oben erwähnte Bestimmung in den Vereinbarungen der verbündeten Regierungen nicht die ihr gebührende Beachtung findet [2]).

Bei dieser Sachlage erscheint es begreiflich, daß die Unzufriedenheit mit den neuen Vorschriften kräftig weiterbesteht [3]).

Der behördliche Standpunkt, der sie geschaffen hat und der lautet: „Der Grundsatz, dem Kesselerbauer die freie Wahl der Wandstärken unter seiner Verantwortung zu überlassen, ist mit dem Recht und der Pflicht der Behörden, bei der Genehmigung

---

[1]) Siehe z. B. C. Bach: Zur Frage der zulässigen Abweichungen der Flammrohre von der Kreisform, Zeitschrift des Vereines Deutscher Ingenieure 1910, S. 1018 u. f.

Die für die Deutsche Industrie wertvollste Bestimmung in den neuen behördlichen, die Dampfkessel betreffenden Festsetzungen vom 17. Dezember 1908, Zeitschrift des Vereines Deutscher Ingenieure, 1911, S. 514 u. f.

[2]) Siehe den zweiten in der Fußbemerkung 1 erwähnten Aufsatz.

[3]) Vgl. z. B. die Niederschrift über die Verhandlungen des Dampfkessel-Ausschusses des Vereines Deutscher Ingenieure vom 29. und 30. Oktober 1911. Berlin 1912.

des Kessels zu prüfen, ob die Blechstärken ausreichend bemessen seien, nicht vereinbar" usw., mag für den ersten Augenblick Bestechendes haben. Er ist aber nicht richtig; denn den Behörden wird hier eine Aufgabe gestellt, die sie gar nicht erfüllen können, aber auch nicht zu erfüllen brauchen, wie sich aus dem oben Gesagten bereits ergibt, und die sie auf anderen Gebieten niemals in Angriff genommen haben und voraussichtlich auch nicht auf sich nehmen werden. Wie würde der Fortschritt gehemmt sein, wenn die Technik mit ihren neuen Konstruktionen warten müßte, bis sie die Behörden berechnen können, wo stände dann heute unsere Industrie? Wie wäre es, wenn man dieses Vorgehen der Behörden auf den gesamten Maschinenbau usw. oder gar auf die Medizin, auf die Chirurgie usw. übertragen wollte?

In der Tat gibt es auch im Kesselbau eine ganze Anzahl Fragen, die der Beamte am grünen Tisch beim besten Willen gar nicht beantworten kann. So wurde mir beispielsweise in der letzten Zeit von einem zuständigen Kesselprüfer folgendes vorgelegt: bei einem Schiffskessel ist die Entfernung der Rohrmitten 98 mm bei 76 mm äußerem Rohrdurchmesser; die vorhandenen Rohre sollen durch solche von 80 mm äußerem Durchmesser ersetzt werden. Kann das bei der gegebenen Stärke der Rohrplatte zugelassen werden? Diese Zulässigkeit hängt, wenn von Betriebsverhältnissen abgesehen wird[1]), namentlich ab von der Güte des Bodenmaterials im derzeitigen Zustande, und von der Sorgfalt, mit der das Einwalzen der neuen Rohre stattfindet. Hierfür kann nur die Kesselfabrik die Gewährleistung übernehmen; es ist deshalb unrichtig, die Entscheidung und damit auch die Verantwortlichkeit dem der Ausführung fernstehenden Revisionsbeamten oder Gewerberat zuzuweisen. Dieser wird deshalb geneigt sein, die Zulässigkeit auch da zu verneinen, wo der erfahrene Ingenieur der Kesselfabrik sofort bereit ist, die Verantwortung mit Recht zu übernehmen. Die Industrie wird deshalb nicht aus sachlichen Gründen an der Ausführung einer Arbeit gehindert, sondern lediglich deshalb, weil die Entscheidung und die Verantwortlichkeit für die Arbeit behördlicherseits der un-

---

[1]) Ich habe Herrn Professor R. Baumann gebeten, an den in Betracht kommenden Stellen die Bedeutung der Voraussetzungen, den Einfluß der Güte der Arbeit, sowie denjenigen der Betriebsverhältnisse hervorzuheben.

richtigen Stelle zugewiesen wurde. Solche Beispiele ließen sich noch eine ganze Anzahl nachweisen.

Behördliche Vorschriften, wie sie hier vorliegen, haben auch noch den Nachteil, daß sie die vorzüglich arbeitende Fabrik in einen Topf werfen mit Werkstätten, die Arbeit mittlerer oder minderer Güte liefern. Die letzteren nehmen dieselben Mindestwandstärken usw., welche die ersteren wählen müssen. Eine Möglichkeit, durch vorzügliche Arbeit an Material zu sparen, entfällt. Die behördlichen Vorschriften fördern damit die Mittelmäßigkeit der industriellen Erzeugnisse.

Ich habe geglaubt, im Interesse der Allgemeinheit und im Interesse der deutschen Industrie die vorstehenden Bemerkungen machen zu sollen, um die nachteiligen Einwirkungen, von denen ich gesprochen habe, nach Möglichkeit zu vermindern, und weil ich es für erstrebenswert erachte, daß der Zustand der Freiheit in der Wahl der Abmessungen usw. wie er fast vier Jahrzehnte hindurch für Dampfkessel im Reiche zum Wohle der Industrie und Allgemeinheit bestanden hat, und wie er für den übrigen Maschinenbau auch heute noch besteht, wieder erreicht werden sollte, zumal er in den andern Industrieländern vorhanden ist. Die Dampfkessel-Überwachungsvereine und die Klassifikationsgesellschaften reichen neben der Verantwortlichkeit des Verfertigers vollständig aus.

Schließlich sei noch auf eine bedenkliche Eigentümlichkeit der Vorschriften für Landdampfkessel aufmerksam gemacht. In den Bestimmungen für diese sind die Flußeisenbleche, deren Zugfestigkeit 41 kg/qmm überschreitet, mit besonderen Vorschriften bedacht [1]). Dadurch wird, wie ich in der Deutschen Dampf-

---

[1]) Siehe insbesondere Bauvorschriften für Landdampfkessel III, 4.

„Bleche, die eine höhere Zugfestigkeit als 41 kg/qmm besitzen, dürfen zu Mantelteilen nur verwendet werden, wenn die Bearbeitung kalt oder rotwarm stattfindet, wenn die Kanten gehobelt, gedreht, gefräst oder — mangels anderer Möglichkeit der Bearbeitung — gemeißelt werden und wenn ihre Verbindung in den Längsnähten durch Doppellaschennietung erfolgt und die Nietung maschinell hergestellt wird."

Die Fassung, betr. Hobeln, Drehen usw., ist keine glückliche; die Antragsteller wollten aussprechen; „Die Kanten dürfen nur dann gemeißelt werden, wenn Hobeln, Drehen oder Fräsen nicht möglich ist."

Die Bauvorschriften für Schiffsdampfkessel enthalten unter III diese Vorschriften nicht, dagegen sind unter X allgemeine, für alle Bleche gültige Bestimmungen getroffen.

kessel-Normen-Kommission wiederholt ausgeführt habe, der Auffassung in weiten Kreisen Vorschub geleistet, daß die Flußeisenbleche mit Zugfestigkeiten bis 41 kg/qmm weniger sorgfältig behandelt werden dürfen. Daß dieser Auffassung in weiten Kreisen bereits Vorschub geleistet worden ist, muß ich auf Grund meiner Erfahrungen aussprechen. In der gleichen Richtung wirken die Bezeichnungen „weiche“ und „harte“ Bleche. Als „weiche“ Bleche werden diejenigen Bleche bezeichnet, welche 41 kg/qmm und weniger Zugfestigkeit besitzen, als „harte“, dagegen diejenigen, deren Zugfestigkeit 41 kg/qmm überschreitet. Daß die Bezeichnung „weiche“ und „harte“ Bleche wissenschaftlich nicht berechtigt ist, wissen die meisten nicht. Sie verführt dazu, anzunehmen, daß man wohl bei „harten“ Blechen vorsichtig sein müsse, aber gegenüber den „weichen“ Blechen sei das weniger nötig. In Wirklichkeit ist die Sachlage die, daß alle Flußeisenbleche, auch diejenigen unter 41 kg/qmm Zugfestigkeit, recht sorgfältig zu behandeln sind.

In der mir unterstellten Materialprüfungsanstalt werden fortgesetzt schadhaft gewordene Kesselbleche, namentlich solche, in denen Rißbildungen eingetreten sind, zur Untersuchung eingeliefert. Diese Bleche seien kurz als Unfallbleche bezeichnet. Es handelt sich dabei meist um Bleche unter 41 kg/qmm Zugfestigkeit. Diese Bleche sind zu einem großen Teile durch ungeeignete Behandlung in den fehlerhaften Zustand gebracht worden. Dabei läßt sich häufig nicht feststellen, wo diese ungeeignete Behandlung stattgefunden hat, ob im Hüttenwerke, oder in der Kesselschmiede.

Zum Beweise des Gesagten seien folgende Zahlen angeführt, die sich auf 51 eingelieferte Unfallbleche von Dampfkesseln beziehen. Diese Bleche hatten entweder bei der Herstellung — das ist nur ein kleiner Teil — oder im Betriebe — das ist der weitaus größte Teil — zu Beanstandungen geführt.

Weniger als 34 kg/qmm Zugfestigkeit im ausgeglühten Zustand ergaben . . . . 9 Bleche
    (da 34 kg/qmm Zugfestigkeit die untere Grenze
    für Kesselbleche ist, so hätten diese Bleche überhaupt nicht für Dampfkessel verwendet werden
    sollen),

von 34—36 kg/qmm Zugfestigkeit waren es . . . 14 Bleche
,, 36—41 ,,   ,,   ,,   ,, . . . 24   ,,
,, mehr als 41 kg/qmm ,,   ,,   ,, . . . 4   ,,

Angesichts der skizzierten Sachlage erachte ich mich für verpflichtet, auch an dieser Stelle [1]) die Aufmerksamkeit darauf zu lenken, daß unsere behördlichen Vorschriften für Landdampfkessel infolge der bezeichneten unterschiedlichen Behandlung der Flußeisenbleche zu einer Steigerung der Unfälle an Kesseln aus Blechen unter 41 kg/qmm Zugfestigkeit führen können. Dies würde verhütet, wenn für alle zum Kesselbau verwendeten Flußeisenbleche die gleichen Bearbeitungsvorschriften aufgestellt werden, also eine unterschiedliche Behandlung fortfällt, ganz so, wie das in den Deutschen Materialvorschriften für Schiffsdampfkessel unter X schon heute der Fall ist (vgl. Fußbemerkung S. 12). In der Tat liegt auch ein sachlicher, d. h. aus dem Blechmaterial sich ergebender Grund nicht vor, mit den Flußeisenblechen für Landdampfkessel anders zu verfahren, als mit denjenigen für Schiffsdampfkessel.

Stuttgart, den 10. Februar 1912.

C. Bach.

---

[1]) Ich tue es hier namentlich deshalb, weil ich annehmen darf, durch diese aufklärenden Worte auf sorgfältige Behandlung auch der Bleche bis 41 kg/qmm Zugfestigkeit hinzuwirken.

Materialvorschriften für Landdampfkessel.

Erster Teil.
Allgemeine Bestimmungen.

I. Prüfungen.

Alles zum Baue von Landdampfkesseln bestimmte Material muß zuverlässig und von guter Beschaffenheit sein; insbesondere muß Schweiß- und Flußeisen den nachstehenden Anforderungen entsprechen. Für

Flußeisenbleche, die eine höhere Zugfestigkeit als 41 kg/qmm besitzen[1])

sowie für Bleche aus Birnenmaterial ist der Nachweis zu erbringen, daß sie durch Sachverständige nach Maßgabe der nachstehenden Bestimmungen geprüft sind. Dasselbe gilt für alle übrigen Materialien, bei denen eine höhere Zugfestigkeit als 41 kg/qmm zugelassen ist[2]).

Für
Flußeisenbleche von 34 bis 41 kg/qmm Festigkeit, die im ersten Feuerzuge liegen, mit Ausnahme von Wellrohren und ähnlichen Feuerrohren, ist durch Werksbescheinigungen der Nachweis zu führen, daß jedes Blech geprüft ist[3]).

Für alle anderen Bleche von 34 bis 41 kg/qmm Festigkeit genügen zum Nachweis ihrer zuverlässigen Beschaffenheit Werksbescheinigungen auf Grund von Chargenproben und anderen von dem Werke zum Nachweise der Güte ausgeführten Prüfungen, soweit nicht in Einzelfällen vom Besteller für solche Bleche (vergleiche zweiter und dritter Teil, A II) und andere zum Kessel verwendete Materialien — wie Winkeleisen, Nieteisen, Niete, Anker und Stehbolzen, Wasserrohre (vergleiche zweiter und dritter Teil, B bis F) — eine Prüfung durch Sachverständige im Umfange der nachstehenden Bestimmungen vorgeschrieben wird[4]).

Additional material from *Die Grundlagen der deutschen
Material- und Bauvorschriften für Dampfkessel,*
ISBN 978-3-662-33675-5, is available at http://extras.springer.com

Materialvorschriften für Schiffsdampfkessel.

Erster Teil.
Allgemeine Bestimmungen.

I. Prüfungen.

Alles zum Baue von Schiffskesseln bestimmte Material muß zuverlässig und von guter Beschaffenheit sein; insbesondere muß Schweiß- und Flußeisen den nachstehenden Anforderungen entsprechen. Für

Bleche ist der Nachweis zu erbringen, daß sie durch Sachverständige nach Maßgabe der nachstehenden Bestimmungen geprüft sind. Dasselbe gilt für alle übrigen Materialien, bei denen eine höhere Zugfestigkeit als 41 kg/qmm zugelassen ist.

II. Zurichtung der Proben.

1. Die Probestäbe müssen das Material im ausgeglühten Zustand enthalten; die Probestreifen sind, falls erforderlich, im rotwarmen Zustande gerade zu richten.

2. Fehlerhafte Probestäbe dürfen nicht genommen werden[5].

3. Dicke und Breite der Probestäbe werden mit der Mikrometerschraube gemessen.

4. Die Probestreifen müssen etwa 400 mm lang und im unbearbeiteten Zustande mindestens 50 mm breit sein.

5. Sie müssen an den Kanten derart bearbeitet werden, daß die Wirkung des Scherenschnitts, Auslochens oder Aushauens zuverlässig beseitigt wird[6]. Die Walzhaut muß unter allen Umständen am Probestabe verbleiben.

6. Die Streifen zu Zugproben sind auf die Meßlänge von 200 mm an den Kanten sauber zu bearbeiten; darüber hinaus kann der Querschnitt zunehmen. Die Stäbe sind so breit zu lassen, daß der Querschnitt tunlichst 300 qmm beträgt*).

7. Die Streifen zu Biegeproben müssen an den Kanten etwas abgerundet sein und dürfen über den zur Biegung angewandten Dorn in der Breite nicht hervorragen.

III. Abnahme der Materialien.

1. Sämtliche Materialstücke sind bei der Besichtigung abzustempeln, und zwar mit dem Stempel des abnehmenden Beamten und einer Nummer. Bei Blechen sind zwei Stempel, etwa 400 mm von den Kanten entfernt, aufzuschlagen, bei allen übrigen Materialien genügt ein Stempel, welcher nahe einem Ende anzubringen ist.

2. Bei Rohren ist die Schweißnaht tunlichst durch einen Stern zu kennzeichnen. Einer Nummerbezeichnung bedarf es bei Rohren nicht.

3. Das Stempelzeichen ist in dem Prüfungsschein abzudrucken.

4. In der Regel sind die Materialien auf dem Walzwerke zu prüfen. Werden die Bleche auf dem Walzwerk abgenommen, so müssen sie an zwei Seiten unbeschnitten bleiben, die beiden anderen

---

*) Das Verhältnis der ursprünglichen Länge l des mittleren Stabstücks, für welche die Dehnung bestimmt wird, zum ursprünglichen Querschnitte f des Stabes ist von Einfluß auf die Dehnung. Daher wird es erforderlich, mit der Dehnung die Größen l und f oder doch deren Verhältnis

II. Zurichtung der Proben.

1. Die Probestäbe müssen das Material im ausgeglühten Zustand enthalten; die Probestreifen sind, falls erforderlich, im rotwarmen Zustande gerade zu richten.

2. Fehlerhafte Probestäbe dürfen nicht genommen werden [5]).

3. Dicke und Breite der Probestäbe werden mit der Mikrometerschraube gemessen.

4. Die Probestreifen müssen etwa 400 mm lang und im unbearbeiteten Zustande mindestens 50 mm breit sein.

5. Sie müssen an den Kanten derart bearbeitet werden, daß die Wirkung des Scherenschnitts, Auslochens oder Aushauens zuverlässig beseitigt wird [6]). Die Walzhaut muß unter allen Umständen am Probestabe verbleiben.

6. Die Streifen zu Zugproben sind auf die Meßlänge von 200 mm an den Kanten sauber zu bearbeiten; darüber hinaus kann der Querschnitt zunehmen. Die Stäbe sind so breit zu lassen, daß der Querschnitt tunlichst 300 qmm beträgt*).

7. Die Streifen zu Biegeproben müssen an den Kanten etwas abgerundet sein und dürfen über den zur Biegung angewandten Dorn in der Breite nicht hervorragen.

III. Abnahme der Materialien.

1. Sämtliche Materialstücke sind bei der Besichtigung abzustempeln, und zwar mit dem Stempel des abnehmenden Beamten und einer Nummer. Bei Blechen sind zwei Stempel, etwa 400 mm von den Kanten entfernt, aufzuschlagen, bei allen übrigen Materialien genügt ein Stempel, welcher nahe einem Ende anzubringen ist.

2. Bei Rohren ist die Schweißnaht tunlichst durch einen Stern zu kennzeichnen. Einer Nummerbezeichnung bedarf es bei Rohren nicht.

3. Das Stempelzeichen ist in dem Prüfungsschein abzudrucken.

4. In der Regel sind die Materialien auf dem Walzwerke zu prüfen. Werden die Bleche auf dem Walzwerk abgenommen, so müssen sie an zwei Seiten unbeschnitten bleiben, die beiden anderen

---

anzugeben. Als normales Verhältnis gilt

$$l = 11{,}3 \sqrt{f}$$

Rücksichten auf Herstellung der Probestäbe usw. veranlassen häufig, von der Einhaltung dieses Verhältnisses abzusehen [7]).

2*

Seiten dürfen dagegen beschnitten sein, jedoch nur soweit, daß Probestreifen noch entnommen werden können.

5. Die Dicke der Bleche ist an allen vier Ecken mittels Mikrometerschraube zu messen. Die Meßpunkte sollen mindestens 40 mm vom Rande und mindestens 100 mm von den Ecken entfernt liegen [8]).

6. Bei Blechen bis zu 1000 mm Breite und solchen bis zu 10 mm Dicke beliebiger Breite sind Unterschreitungen der Dicke nicht zulässig. Bei größeren Breiten als 1000 mm über 10 mm starker Bleche sind folgende Unterschreitungen gestattet:

Blechdicken in mm	Zulässige Unterschreitungen bei Breiten [9])	
	über 1000 bis 1500 mm	über 1500 mm
über 10 bis 20	2,0 Prozent	3,0 Prozent
„ 20 „ 30	1,5 „	2,0 „
„ 30	1,0 „	1,5 „

7. Die Probestreifen sind an den Rändern oder Enden zu entnehmen. Die Wahl der Stücke, von denen Proben genommen werden sollen, bleibt dem abnehmenden Beamten überlassen.

8. Finden sich nach dem Zerreißen, Biegen, Aufweiten oder Bördeln anscheinend guter Probestücke Fehlerstellen, so werden bei ungünstigem Ausfalle die Prüfungsergebnisse solcher Stücke bei der Entscheidung über die Erfüllung der Lieferungsbedingungen nicht berücksichtigt [10]).

9. Entspricht das Prüfungsergebnis den vorgeschriebenen Bedingungen nicht, so ist auf Verlangen des Werkes eine zweite Prüfung vorzunehmen, deren Ergebnis maßgebend sein soll. Auf diese zweite Prüfung ist bei Entnahme der Proben Rücksicht zu nehmen [10]).

10. Die Zugfestigkeit wird für die Längs- und Querfaser in kg/qmm angegeben.

11. Die Bruchdehnung wird entweder an einer am Stabe angebrachten Teilung oder zwischen den Endmarken der Meßstrecke von 200 mm in Prozenten der letzteren ermittelt. Erfolgt beim letzteren Verfahren der Bruch des Stabes in geringerer Entfernung als 50 mm von den Endmarken, so ist das Ergebnis bei ungünstigem Ausfalle nicht zu berücksichtigen [11]).

12. Bei den Warmproben sind die Stücke kirschrot zu machen.

Seiten dürfen dagegen beschnitten sein, jedoch nur soweit, daß Probestreifen noch entnommen werden können.

5. Die Dicke der Bleche ist an allen vier Ecken mittels Mikrometerschraube zu messen. Die Meßpunkte sollen mindestens 40 mm vom Rande und mindestens 100 mm von den Ecken entfernt liegen[8].

6. Bei Blechen bis zu 1000 mm Breite und solchen bis zu 10 mm Dicke beliebiger Breite sind Unterschreitungen der Dicke nicht zulässig. Bei größeren Breiten als 1000 mm über 10 mm starker Bleche sind folgende Unterschreitungen gestattet:

Blechdicken in mm	Zulässige Unterschreitungen bei Breiten[9]	
	über 1000 bis 1500 mm	über 1500 mm
über 10 bis 20	2,0 Prozent	3,0 Prozent
„ 20 „ 30	1,5 „	2,0 „
„ 30	1,0 „	1,5 „

7. Die Probestreifen sind an den Rändern oder Enden zu entnehmen. Die Wahl der Stücke, von denen Proben genommen werden sollen, bleibt dem abnehmenden Beamten überlassen.

8. Finden sich nach dem Zerreißen, Biegen, Aufweiten oder Bördeln anscheinend guter Probestücke Fehlerstellen, so werden bei ungünstigem Ausfalle die Prüfungsergebnisse solcher Stücke bei der Entscheidung über die Erfüllung der Lieferungsbedingungen nicht berücksichtigt[10].

9. Entspricht das Prüfungsergebnis den vorgeschriebenen Bedingungen nicht, so ist auf Verlangen des Werkes eine zweite Prüfung vorzunehmen, deren Ergebnis maßgebend sein soll. Auf diese zweite Prüfung ist bei Entnahme der Proben Rücksicht zu nehmen[10].

10. Die Zugfestigkeit wird für die Längs- und Querfaser in kg/qmm angegeben.

11. Die Bruchdehnung wird entweder an einer am Stabe angebrachten Teilung oder zwischen den Endmarken der Meßstrecke von 200 mm in Prozent der letzteren ermittelt. Erfolgt beim letzteren Verfahren der Bruch des Stabes in geringerer Entfernung als 50 mm von den Endmarken, so ist das Ergebnis bei ungünstigem Ausfalle nicht zu berücksichtigen[11].

12. Bei den Warmproben sind die Stücke kirschrot zu machen.

13. Bei der Kaltbiegeprobe werden die Stäbe bis zu 25 mm Dicke um einen Dorn von 25 mm Durchmesser, im Falle größerer Dicke um einen Dorn von höchstens der Materialdicke gebogen.

Bei der Hartbiegeprobe sind die Stäbe gleichmäßig zu erwärmen und bei niedriger Kirschrotglut (im dunklen Raume beobachtet) in Wasser von 28° C abzukühlen und dann um einen Dorn der bestimmten Dicke zu biegen.

14. Der Biegewinkel wird in Grad angegeben. Der Probestab gilt als gebrochen, wenn sich auf der Außenseite in der Mitte der Biegungsstelle ein deutlicher Bruch im Metalle zeigt.

15. Bleche, Winkeleisen und Rohre müssen eine glatte Oberfläche haben; sie dürfen keine erheblichen Schlackenstellen oder andere eingewalzte Verunreinigungen, keine Blasen, Risse oder unganze Stellen enthalten. Bei Blechen, Winkel- und Stabeisen dürfen Walzsplitter oder kleine Schalen durch Abmeißeln entfernt, auch geringe, durch Einwalzen von Schlacke entstandene Vertiefungen ausgeebnet werden, soweit hierdurch die Haltbarkeit nicht beeinträchtigt wird.

16. Sämtliche Bleche sind nach dem Beschneiden auszuglühen.

IV. Prüfmaschinen.

1. Die Prüfmaschinen müssen so gebaut sein, daß sie bei achtsamer Handhabung stoßfrei wirken.

2. Sie müssen auf ihre Richtigkeit leicht untersucht werden können.

3. Sie müssen, falls sie vom abnehmenden Beamten nicht kurzer Hand geprüft werden können, mindestens alle drei Monat einmal durch Sachverständige auf richtiges Arbeiten aller Teile untersucht werden. Über diese Untersuchungen ist ein Befundbericht aufzunehmen, der bei Materialprüfungen auf Verlangen vorzulegen ist.

4. Die Einspannvorrichtung zu Zugversuchen muß so beschaffen sein, daß der Probestab bei Beginn des Zuges sich selbsttätig einstellt, damit die Zugkraft innerhalb der Meßstrecke möglichst gleichmäßig über den Querschnitt verteilt wird[12]).

13. Bei der Kaltbiegeprobe werden die Stäbe bis zu 25 mm Dicke um einen Dorn von 25 mm Durchmesser, im Falle größerer Dicke um einen Dorn von höchstens der Materialdicke gebogen.

Bei der Hartbiegeprobe sind die Stäbe gleichmäßig zu erwärmen und bei niedriger Kirschrotglut (im dunklen Raume beobachtet) in Wasser von 28⁰ C abzukühlen und dann um einen Dorn der bestimmten Dicke zu biegen.

14. Der Biegewinkel wird in Grad angegeben. Der Probestab gilt als gebrochen, wenn sich auf der Außenseite in der Mitte der Biegungsstelle ein deutlicher Bruch im Metalle zeigt.

15. Bleche, Winkeleisen und Rohre müssen eine glatte Oberfläche haben; sie dürfen keine erheblichen Schlackenstellen oder andere eingewalzte Verunreinigungen, keine Blasen, Risse oder unganze Stellen enthalten. Bei Blechen, Winkel- und Stabeisen dürfen Walzsplitter oder kleine Schalen durch Abmeißeln entfernt, auch geringe, durch Einwalzen von Schlacke entstandene Vertiefungen ausgeebnet werden, soweit hierdurch die Haltbarkeit nicht beeinträchtigt wird.

16. Sämtliche Bleche sind nach dem Beschneiden auszuglühen.

IV. Prüfmaschinen.

1. Die Prüfmaschinen müssen so gebaut sein, daß sie bei achtsamer Handhabung stoßfrei wirken.

2. Sie müssen auf ihre Richtigkeit leicht untersucht werden können.

3. Sie müssen, falls sie vom abnehmenden Beamten nicht kurzer Hand geprüft werden können, mindestens alle drei Monat einmal durch Sachverständige auf richtiges Arbeiten aller Teile untersucht werden. Über diese Untersuchungen ist ein Befundbericht aufzunehmen, der bei Materialprüfungen auf Verlangen vorzulegen ist.

4. Die Einspannvorrichtung zu Zugversuchen muß so beschaffen sein, daß der Probestab bei Beginn des Zuges sich selbsttätig einstellt, damit die Zugkraft innerhalb der Meßstrecke möglichst gleichmäßig über den Querschnitt verteilt wird [12]).

Zweiter Teil.

Schweißeisen.

A. Bleche.

I. Art der Proben.

1. Zugprobe (siehe A IV. 1).
2. Biegeprobe (siehe A IV. 2).
3. Schmiede- und Lochprobe (siehe A IV. 3).

II. Anzahl der Probestücke.

Von dem Material einer Lieferung sind in der Regel folgende Probestücke zu entnehmen:

    a) von sämtlichen Blechen, die im ersten Feuerzuge liegen;
    b) von 50 Prozent aller übrigen Bleche.

Bei a sollen den Blechen Stücke zu Zug- und zu Biegeproben in Längs- und Querfaser, bei b jedoch nur zur Hälfte zu Zug- und zur Hälfte zu Biegeproben in Längs- und Querfaser entnommen werden.

III. Bezeichnung der Bleche.

1. Es werden unterschieden:

    Feuerblech: Bördelblech:

2. Dementsprechend ist jedes Blech seitens des Walzwerkes außer mit dem Stempel des Werkes mit einem, dem Vordruck unter Ziffer 1 in Form und Größe gleichen Qualitätsstempel zu bezeichnen.

3. Die Qualitätsstempel können ausnahmsweise fehlen, wenn in anderer Weise der Nachweis erbracht wird, daß das Material geprüft ist und den Anforderungen des Abschnitts A IV entsprochen hat.

4. Die Teile der Kesselwandung, die im ersten Feuerzuge [13]) liegen, sind aus Feuerblech zu fertigen. Zu allen anderen Kesselteilen kann Bördelblech verwendet werden.

Zweiter Teil.

Schweißeisen.

A. Bleche.

I. Art der Proben.

1. Zugprobe (siehe A IV. 1).
2. Biegeprobe (siehe A IV. 2).
3. Schmiede- und Lochprobe (siehe A IV. 3).

II. Anzahl der Probestücke.

Von dem Material einer Lieferung sind in der Regel von sämtlichen Blechen Probestücke zu entnehmen.

Den Blechen sind Stücke zu Zug- und zu Biegeproben in Längs- und in Querfaser zu entnehmen.

III. Bezeichnung der Bleche.

1. Es werden unterschieden:

Feuerblech: Bördelblech:

2. Dementsprechend ist jedes Blech seitens des Walzwerkes außer mit dem Stempel des Werkes mit einem, dem Vordruck unter Ziffer 1 in Form und Größe gleichen Qualitätsstempel zu bezeichnen.

3. Die Qualitätsstempel können ausnahmsweise fehlen, wenn in anderer Weise der Nachweis erbracht wird, daß das Material geprüft ist und den Anforderungen des Abschnitts A IV entsprochen hat.

4. Die Teile der Kesselwandung, die im ersten Feuerzuge [13]) liegen, sind aus Feuerblech zu fertigen. Zu allen anderen Kesselteilen kann Bördelblech verwendet werden.

IV. Anforderungen.

1. Feuerblech darf keine geringere Zugfestigkeit als 36 kg/qmm in der Längsfaser und 34 kg/qmm in der Querfaser bei einer geringsten Dehnung von 20 Prozent in der Längsfaser und 15 Prozent in der Querfaser haben.

Bördelblech darf keine geringere Zugfestigkeit als 35 kg/qmm in der Längsfaser und 33 kg/qmm in der Querfaser bei einer geringsten Dehnung von 15 Prozent in der Längsfaser und 12 Prozent in der Querfaser haben.

Die Zugfestigkeit darf bei keinem Bleche 40 kg/qmm überschreiten.

Anmerkung. Bleche über 25 mm Dicke pflegen weniger Zugfestigkeit zu haben als aus demselben Material gefertigte Bleche unter 25 mm Dicke, und zwar rechnet man, daß auf je 2 mm Vergrößerung der Blechdicke die Festigkeit um 0,5 kg abnimmt. Demgemäß wird man bei Verwendung von Blechen über 25 mm Dicke zu erwägen haben, ob Feuerblech an Stelle von Bördelblech zu wählen ist.

2. Bei der Biegeprobe im warmen Zustande müssen sich Probestreifen von Feuer- und Bördelblech in beiden Faserrichtungen flach zusammenbiegen lassen, ohne zu brechen (vergleiche erster Teil Abschnitt III, Ziffer 14).

Im kalten Zustande müssen sich Probestreifen von Feuer- und Bördelblech in beiden Faserrichtungen nach der folgenden Zahlentafel um einen Dorn von der bestimmten Dicke zusammenbiegen lassen, ohne zu brechen (vergleiche erster Teil, Abschnitt III, Ziffer 14):

Dicke in mm	Biegewinkel in Grad			
	Feuerblech		Bördelblech	
	längs	quer	längs	quer
6—8	160	140	135	120
über 8—10	160	140	135	120
„ 10—12	160	140	135	120
„ 12—14	155	135	135	120
„ 14—16	150	130	130	110
„ 16—18	145	125	125	100
„ 18—20	140	120	120	95
„ 20—22	135	115	115	85
„ 22—24	130	110	110	75

IV. Anforderungen.

1. Feuerblech darf keine geringere Zugfestigkeit als 36 kg/qmm in der Längsfaser und 34 kg/qmm in der Querfaser bei einer geringsten Dehnung von 20 Prozent in der Längsfaser und 15 Prozent in der Querfaser haben.

Bördelblech darf keine geringere Zugfestigkeit als 35 kg/qmm in der Längsfaser und 33 kg/qmm in der Querfaser bei einer geringsten Dehnung von 15 Prozent in der Längsfaser und 12 Prozent in der Querfaser haben.

Die Zugfestigkeit darf bei keinem Bleche 40 kg/qmm überschreiten.

Anmerkung. Bleche über 25 mm Dicke pflegen weniger Zugfestigkeit zu haben als aus demselben Material gefertigte Bleche unter 25 mm Dicke, und zwar rechnet man, daß auf je 2 mm Vergrößerung der Blechdicke die Festigkeit um 0,5 kg abnimmt. Demgemäß wird man bei Verwendung von Blechen über 25 mm Dicke zu erwägen haben, ob Feuerblech an Stelle von Bördelblech zu wählen ist.

2. Bei der Biegeprobe im warmen Zustande müssen sich Probestreifen von Feuer- und Bördelblech in beiden Faserrichtungen flach zusammenbiegen lassen, ohne zu brechen (vergleiche erster Teil Abschnitt III, Ziffer 14).

Im kalten Zustande müssen sich Probestreifen von Feuer- und Bördelblech in beiden Faserrichtungen nach der folgenden Zahlentafel um einen Dorn von der bestimmten Dicke zusammenbiegen lassen, ohne zu brechen (vergleiche erster Teil, Abschnitt III, Ziffer 14):

Dicke in mm	Biegewinkel in Grad			
	Feuerblech		Bördelblech	
	längs	quer	längs	quer
6—8	160	140	135	120
über 8—10	160	140	135	120
„ 10—12	160	140	135	120
„ 12—14	155	135	135	120
„ 14—16	150	130	130	110
„ 16—18	145	125	125	100
„ 18—20	140	120	120	95
„ 20—22	135	115	115	85
„ 22—24	130	110	110	75

| Dicke in mm | Biegewinkel in Grad | | | |
| | Feuerblech | | Bördelblech | |
	längs	quer	längs	quer
über 24—26	125	105	105	65
„ 26—28	120	100	100	60
„ 28—30	115	95	90	55
„ 30—32	110	85	80	50
„ 32—34	100	75	70	45
„ 34—36	90	65	60	40
„ 36—38	80	55	50	30
„ 38—40	70	45	40	20

3. Bei der Schmiedeprobe müssen Längsstreifen von ungefähr 50 mm Breite im rotwarmen Zustande mit der Hammerfinne quer zur Walzrichtung mindestens auf das 1½ fache ihrer Breite ausgebreitet werden können, ohne an den Kanten und auf der Fläche Risse zu erhalten.

Bei der Lochprobe dürfen Streifen, die im rotwarmen Zustand in einer Entfernung vom Rande gleich der halben Dicke des Streifens mit einem konischen Lochstempel gelocht werden, vom Loche nach der Kante nicht aufreißen.

Der Lochstempel soll bei etwa 50 mm Länge für alle Blechdicken einen kleinsten Durchmesser von etwa 10 mm und einen größten Durchmesser von etwa 20 mm haben.

B. Winkeleisen.

I. Art der Proben.

1. Biegeprobe (siehe B III. 1).

2. Schmiede- und Lochprobe (siehe B III. 2).

II. Anzahl der Probestücke.

25 Prozent der abzunehmenden Stücke.

III. Anforderungen.

1. Im kalten Zustande sollen sich die Schenkel des Winkeleisens mindestens um 18⁰ unter der Presse auseinanderbiegen und abgeschnittene Längsstreifen

| Dicke in mm | Biegewinkel in Grad | | | |
| | Feuerblech | | Bördelblech | |
	längs	quer	längs	quer
über 24—26	125	105	105	65
„ 26—28	120	100	100	60
„ 28—30	115	95	90	55
„ 30—32	110	85	80	50
„ 32—34	100	75	70	45
„ 34—36	90	65	60	40
„ 36—38	80	50	50	30
„ 38—40	70	45	40	20

3. Bei der Schmiedeprobe müssen Längsstreifen von ungefähr 50 mm Breite im rotwarmen Zustande mit der Hammerfinne quer zur Walzrichtung mindestens auf das 1½ fache ihrer Breite ausgebreitet werden können, ohne an den Kanten und auf der Fläche Risse zu erhalten.

Bei der Lochprobe dürfen Streifen, die im rotwarmen Zustand in einer Entfernung vom Rande gleich der halben Dicke des Streifens mit einem konischen Lochstempel gelocht werden, vom Loche nach der Kante nicht aufreißen.

Der Lochstempel soll bei etwa 50 mm Länge für alle Blechdicken einen kleinsten Durchmesser von etwa 10 mm und einen größten Durchmesser von etwa 20 mm haben.

B. Winkeleisen.

I. Art der Proben.

1. Biegeprobe (siehe B III. 1).

2. Schmiede- und Lochprobe (siehe B III. 2).

II. Anzahl der Probestücke.

25 Prozent der abzunehmenden Stücke.

III. Anforderungen.

1. Im kalten Zustande sollen sich die Schenkel des Winkeleisens mindestens um 18⁰ unter der Presse auseinanderbiegen und abgeschnittene Längsstreifen

$$\text{bei Dicken von } 8 \text{ bis } 12 \text{ mm um } 50^0,$$
$$„ \quad „ \quad \text{über } 12 „ \; 16 \quad „ \quad „ \; 35^0,$$
$$„ \quad „ \quad „ \; 16 „ \; 21 \quad „ \quad „ \; 25^0,$$
$$„ \quad „ \quad „ \; 21 „ \; 25 \quad „ \quad „ \; 15^0$$

zusammenbiegen lassen. Bei diesen Proben dürfen sich in der Kehle und in den Schenkeln nur Anfänge von Rissen zeigen.

2. Beim Schmieden und Lochen sollen Schenkelstreifen denselben Anforderungen wie Blechstreifen (vergleiche A IV. 3) entsprechen.

C. Nieteisen.

I. Art der Proben.

1. Zugprobe (siehe C III. 1).
2. Biegeprobe (siehe C III. 2).
3. Stauch- und Lochprobe (siehe C III. 3).

II. Anzahl der Probestücke.

4 Prozent der abzunehmenden Stücke.

III. Anforderungen.

1. Zugfestigkeit 35 bis 40 kg/qmm bei einer Dehnung von mindestens 20 Prozent.

2. Im kalten Zustande soll das Nieteisen, ohne Risse zu erhalten, so gebogen und glatt aufeinander geschlagen werden können, daß die beiden Enden der Länge nach parallel liegen.

3. Im warmen Zustande soll sich ein Stück Nieteisen, dessen Länge doppelt so groß ist als der Durchmesser, auf $\frac{1}{3}$ bis $\frac{1}{4}$ der Länge niederstauchen und dann lochen lassen, ohne aufzureißen.

D. Niete.

I. Art der Proben.

Stauch- und Lochprobe (siehe D III.).

II. Anzahl der Probestücke.

Von je 1000 Stück 2 Stück.

III. Anforderungen.

Im warmen Zustande soll sich ein Nietschaft, dessen Länge doppelt so groß ist als der Durchmesser, auf $\frac{1}{3}$ bis $\frac{1}{4}$ der Länge niederstauchen und dann lochen lassen, ohne aufzureißen.

bei Dicken von 8 bis 12 mm um 50⁰,

„ „ über 12 „ 16 „ „ 35⁰,

„ „ „ 16 „ 21 „ „ 25⁰,

„ „ „ 21 „ 25 „ „ 15⁰

zusammenbiegen lassen. Bei diesen Proben dürfen sich in der Kehle und in den Schenkeln nur Anfänge von Rissen zeigen.

2. Beim Schmieden und Lochen sollen Schenkelstreifen denselben Anforderungen wie Blechstreifen (vergleiche A IV. 3) entsprechen.

C. Nieteisen.

I. Art der Proben.

1. Zugprobe (siehe C III. 1).
2. Biegeprobe (siehe C III. 2).
3. Stauch- und Lochprobe (siehe C III. 3).

II. Anzahl der Probestücke.

4 Prozent der abzunehmenden Stücke.

III. Anforderungen.

1. Zugfestigkeit 35 bis 40 kg/qmm bei einer Dehnung von mindestens 20 Prozent.

2. Im kalten Zustande soll das Nieteisen, ohne Risse zu erhalten, so gebogen und glatt aufeinander geschlagen werden können, daß die beiden Enden der Länge nach parallel liegen.

3. Im warmen Zustande soll sich ein Stück Nieteisen, dessen Länge doppelt so groß ist als der Durchmesser, auf $1/_3$ bis $1/_4$ der Länge niederstauchen und dann lochen lassen, ohne aufzureißen.

D. Niete.

I. Art der Proben.

Stauch- und Lochprobe (siehe D III.).

II. Anzahl der Probestücke.

Von je 1000 Stück 2 Stück.

III. Anforderungen.

Im warmen Zustande soll sich ein Nietschaft, dessen Länge doppelt so groß ist als der Durchmesser, auf $1/_3$ bis $1/_4$ der Länge niederstauchen und dann lochen lassen, ohne aufzureißen.

E. Anker und Stehbolzen.

I. Art der Proben.

1. Zugprobe (siehe E III. 1).
2. Biegeprobe (siehe E III. 2).

II. Anzahl der Probestücke.

Von je 25 Stangen gleichen Durchmessers eine Stange.

III. Anforderungen.

1. Zugfestigkeit 35 bis 40 kg/qmm bei einer Dehnung von mindestens 20 Prozent.

2. Im kalten Zustande soll ein Stab, ohne Risse zu er-halten, so gebogen und glatt aufeinander geschlagen werden können, daß die beiden Enden der Länge nach parallel liegen.

F. Wasserrohre

I. Art der Proben.

1. Aufweitprobe (siehe F. III 3).
2. Bördelprobe (siehe F III. 4).
3. Biegeprobe (siehe F III. 5).
4. Wasserdruckprobe (siehe F III. 6).

Diesen Prüfungen unterliegen Wasserrohre unter 6 mm Wanddicke; solche von 6 mm Wanddicke und darüber werden nur der Wasserdruckprobe unterzogen. Heizrohre bedürfen der Prüfung nicht.

II. Anzahl der Probestücke.

Etwa 2 Prozent der abzunehmenden Rohre, mindestens aber zwei Rohre.

III. Anforderungen.

1. Die Rohre sollen innen und außen kalibriert, ohne Zunder, Narben, Risse und andere für den Betrieb schädliche Fehler, sowie glatt und rechtwinklig abgeschnitten sein.

2. Die Wanddicke der Wasserrohre soll

bis 83 mm äußeren Durchmesser mindestens					3,00 mm,
über 83 „ 102	„	„	„	„	3,25 „ ,
„ 102 „ 121	„	„	„	„	3,75 „ ,
„ 121 „ 140	„	„	„	„	4,00 „ ,
„ 140 „ 191	„	„	„	„	4,50 „ ,
„ 191 „ 216	„	„	„	„	5,50 „ ,

betragen.

E. Anker und Stehbolzen.

I. Art der Proben.

1. Zugprobe (siehe E III. 1).
2. Biegeprobe (siehe E III. 2).

II. Anzahl der Probestücke.

Von je 25 Stangen gleichen Durchmessers eine Stange.

III. Anforderungen.

1. Zugfestigkeit 35 bis 40 kg/qmm bei einer Dehnung von mindestens 20 Prozent.

2. Im kalten Zustande soll ein Stab, ohne Risse zu erhalten, so gebogen und glatt aufeinander geschlagen werden können, daß die beiden Enden der Länge nach parallel liegen.

F. Wasserrohre.

I. Art der Proben.

1. Aufweitprobe (siehe F III. 3).
2. Bördelprobe (siehe F III. 4).
3. Biegeprobe (siehe F III. 5).
4. Wasserdruckprobe (siehe F III. 6).

Diesen Prüfungen unterliegen Wasserrohre unter 6 mm Wanddicke; solche von 6 mm Wanddicke und darüber werden nur der Wasserdruckprobe unterzogen. Heizrohre bedürfen der Prüfung nicht.

II. Anzahl der Probestücke.

Etwa 2 Prozent der abzunehmenden Rohre, mindestens aber zwei Rohre.

III. Anforderungen.

1. Die Rohre sollen innen und außen kalibriert, ohne Zunder, Narben, Risse und andere für den Betrieb schädliche Fehler, sowie glatt und rechtwinklig abgeschnitten sein.

2. Die Wanddicke der Wasserrohre soll

	bis	83 mm	äußeren Durchmesser mindestens	3,00	mm
über	83 ,,	102 ,,	,,　　　,,　　　,,	3,25	,,
,,	102 ,,	121 ,,	,,　　　,,　　　,,	3,75	,,
,,	121 ,,	140 ,,	,,　　　,,　　　,,	4,00	,,
,,	140 ,,	191 ,,	,,　　　,,　　　,,	4,50	,,
,,	191 ,,	216 ,,	,,　　　,,　　　,,	5,50	,,

betragen.

Die vorgeschriebene Wanddicke soll an keiner Stelle um mehr als 20 Prozent unterschritten werden.

3. Rohrenden sollen sich im kalten Zustand auf eine Länge von 30 mm aufweiten lassen, und zwar:

a) bei einer Wanddicke der Rohre bis zu 4 mm um 5 Prozent des inneren Durchmessers;

b) bei einer Wanddicke der Rohre bis zu 6 mm um 3 Prozent des inneren Durchmessers.

Das Aufweiten der Rohrenden muß durch Hämmern über einem Dorn erfolgen.

4. Rohrenden sollen sich im kalten Zustande nach außen umbördeln lassen, und zwar:

a) bei Rohren bis 76 mm Weite und bis 3,5 mm Wanddicke um 75⁰;

b) bei Rohren über 76 mm Weite und bis 4,5 mm Wanddicke um 45⁰;

c) bei Rohren über 4,5 mm Wanddicke um 30⁰.

Die Breite des Bördels muß bei a 12 Prozent, bei b und c 8 Prozent des inneren Rohrdurchmessers betragen.

5. Rohrabschnitte von 100 mm Länge sollen sich im kalten Zustande bis auf ein Drittel des Durchmessers zusammendrücken lassen, ohne daß sich in den am stärksten gebogenen Teilen Anbrüche zeigen, doch soll die Schweißnaht nicht in den am stärksten gebogenen Teilen liegen.

6. Die Rohre sollen einem Wasserdrucke von der 3 fachen Höhe des Betriebsüberdrucks, mindestens aber von 30 Atmosphären Überdruck widerstehen, ohne eine Formveränderung oder Undichtigkeit zu zeigen. Die Rohre sind, während sie unter dem Probedrucke stehen, abzuhämmern, namentlich auch an der Schweißnaht.

Dritter Teil.

Flußeisen.

A. Bleche.

I. Art der Proben.

1. Zugprobe (siehe A IV. 1 bis 4).

2. Hartbiegeprobe (siehe A IV. 5).

3. Schmiede- und Lochprobe (siehe A IV. 6).

Die vorgeschriebene Wanddicke soll an keiner Stelle um mehr als 20 Prozent unterschritten werden.

3. Rohrenden sollen sich im kalten Zustand auf eine Länge von 30 mm aufweiten lassen, und zwar:

    a) bei einer Wanddicke der Rohre bis zu 4 mm um 5 Prozent des inneren Durchmessers;

    b) bei einer Wanddicke der Rohre bis zu 6 mm um 3 Prozent des inneren Durchmessers.

Das Aufweiten der Rohrenden muß durch Hämmern über einem Dorn erfolgen.

4. Rohrenden sollen sich im kalten Zustande nach außen umbördeln lassen, und zwar:

    a) bei Rohren bis 76 mm Weite und bis 3,5 mm Wanddicke um 75⁰;

    b) bei Rohren über 76 mm Weite und bis 4,5 mm Wanddicke um 45⁰;

    c) bei Rohren über 4,5 mm Wanddicke um 30⁰.

Die Breite des Bördels muß bei a 12 Prozent, bei b und c 8 Prozent des inneren Rohrdurchmessers betragen.

5. Rohrabschnitte von 100 mm Länge sollen sich im kalten Zustande bis auf ein Drittel des Durchmessers zusammendrücken lassen, ohne daß sich in den am stärksten gebogenen Teilen Anbrüche zeigen, doch soll die Schweißnaht nicht in den am stärksten gebogenen Teilen liegen.

6. Die Rohre sollen einem Wasserdrucke von der 3 fachen Höhe des Betriebsüberdrucks, mindestens aber von 30 Atmosphären Überdruck widerstehen, ohne eine Formveränderung oder Undichtigkeit zu zeigen. Die Rohre sind, während sie unter dem Probedrucke stehen, abzuhämmern, namentlich auch an der Schweißnaht.

Dritter Teil.

Flußeisen.

A. Bleche.

I. Art der Proben.

1. Zugprobe (siehe A IV. 1 bis 4).

2. Hartbiegeprobe (siehe A IV. 5).

3. Schmiede- und Lochprobe (siehe A IV. 6).

3*

II. Anzahl der Probestücke.

Von dem Material einer Lieferung sind in der Regel folgende Probestücke zu entnehmen:

1. bei Blechen aus Birnenmaterial: von sämtlichen Blechen;
2. bei Blechen aus Flammofenmaterial:
   a) von sämtlichen Blechen, die im ersten Feuerzuge liegen oder die eine höhere Zugfestigkeit als 41 kg/qmm besitzen [1]) [2]) [14]);
   b) von 50 Prozent der sonstigen Bleche.

3. Bei Ziffer 1 und 2a sollen den Blechen Streifen sowohl zu Zug- als auch zu Schmiede- und Loch- sowie Hartbiegeproben in Längs- oder Querfaser entnommen werden, bei Ziffer 2b jedoch nur je zur Hälfte zu Zug- und zur Hälfte zu Schmiede- und Loch- sowie Hartbiegeproben in Längs- oder Querfaser.

4. Bei Blechen über 4,5 m Länge sind, soweit sie zur Prüfung ausgewählt sind, zwei Zugproben zu machen, und zwar ist eine Längsprobe vom Fußende des Bleches und eine Querprobe in der Mitte der entgegengesetzten schmalen Seite zu entnehmen.

III. Bezeichnung der Bleche.

1. Bleche aus Flußeisen, welches im Flammofen erzeugt worden ist, haben folgende Bezeichnung zu tragen:

sofern ihre Festigkeit

41 kg/qmm nicht übersteigt:　　　　höher als 41 kg/qmm ist:

Bleche aus Thomaseisen haben folgende Bezeichnung zu tragen:

sofern ihre Festigkeit

41 kg/qmm nicht übersteigt:　　　　höher als 41 kg/qmm ist:

2. Dementsprechend ist jedes Blech seitens des Walzwerkes außer mit dem Stempel des Werkes mit einem dem Vordruck unter Ziffer 1 nach Form und Größe gleichen Qualitätsstempel zu bezeichnen.

II. Anzahl der Probestücke.

1. Von dem Material einer Lieferung sollen in der Regel von sämtlichen Blechen Probestücke entnommen werden.

2. Den Blechen sollen Streifen sowohl zu Zug- als auch zu Schmiede- und Loch- sowie Hartbiegeproben in Längs- oder Querfaser entnommen werden.

3. Bei Blechen über 4,5 m Länge sind zwei Zugproben zu machen, und zwar ist eine Längsprobe vom Fußende des Bleches und eine Querprobe in der Mitte der entgegengesetzten schmalen Seite zu entnehmen.

III. Bezeichnung der Bleche.

1. Bleche aus Flußeisen, welches im Flammofen erzeugt worden ist, haben die Bezeichnung:

solche aus Thomaseisen die Bezeichnung:

zu tragen.

2. Dementsprechend ist jedes Blech seitens des Walzwerkes außer mit dem Stempel des Werkes mit einem dem Vordruck unter Ziffer 1 nach Form und Größe gleichen Qualitätsstempel zu bezeichnen.

3. Die Qualitätsstempel können ausnahmsweise fehlen, wenn in anderer Weise der Nachweis erbracht wird, daß das Material geprüft ist und den Anforderungen des Abschnitts A IV entsprochen hat.

IV. Anforderungen.

1. Flußeisen darf keine geringere Zugfestigkeit als 34 kg/qmm und in der Regel keine höhere Zugfestigkeit als 51 kg/qmm haben[2]). In bezug auf die Mindestdehnung aller Bleche ist folgende Zahlentafel maßgebend:

Festigkeit in kg/qmm	51—46	45	44	43	42	41—37	36	35	34
Geringste Dehnung in Proz.	20	21	22	23	24	25	26	27	28

Bis auf weiteres kommen drei Blechsorten zur Anwendung, und zwar:

Blechsorte I mit 34 bis 41 kg/qmm

(Berechnungsfestigkeit 36 kg/qmm)[14])

Blechsorte II mit 40 bis 47 kg/qmm

(Berechnungsfestigkeit 40 kg/qmm)[14])

Blechsorte III mit 44 bis 51 kg/qmm

(Berechnungsfestigkeit 44 kg/qmm)[14])

2. Für diejenigen Teile des Kessels, welche gebördelt werden oder im ersten Feuerzuge[13]) liegen, dürfen nur Bleche der I. Sorte verwendet werden.

3. Für Teile, die nicht gebördelt werden oder nicht im ersten[15]) Feuerzuge liegen, können Bleche der II. oder III. Sorte verwendet werden.

4. Der Unterschied zwischen der Mindest- und Höchstfestigkeit darf bei einem einzelnen Bleche sowie bei Blechen gleicher Qualität innerhalb einer Lieferung bei Blechlängen

bis 5 m höchstens 6 kg/qmm,

über 5 m „ 7 „

3. Die Qualitätsstempel können ausnahmsweise fehlen, wenn in anderer Weise der Nachweis erbracht wird, daß das Material geprüft ist und den Anforderungen des Abschnitts A IV. entsprochen hat.

IV. Anforderungen.

1. Flußeisen darf keine geringere Zugfestigkeit als 34 kg/qmm und in der Regel keine höhere Zugfestigkeit als 51 kg/qmm haben [2]). In bezug auf die Mindestdehnung aller Bleche ist folgende Zahlentafel maßgebend:

Festigkeit in kg/qmm	51—46	45	44	43	42	41—37	36	35	34
Geringste Dehnung in Proz.	20	21	22	23	24	25	26	27	28

2. Für diejenigen Teile des Kessels, welche gebördelt werden oder im ersten Feuerzuge [13]) liegen, dürfen nur solche Bleche verwendet werden, deren Zugfestigkeit 41 kg/qmm nicht übersteigt.

In besonderen Fällen dürfen zu diesen Teilen ausnahmsweise Bleche mit einer Festigkeit bis 47 kg/qmm zugelassen werden.

Für gebördelte Bleche, die nicht von den Heizgasen bestrichen werden, kann in besonderen Fällen ausnahmsweise eine Festigkeit bis zu 51 kg/qmm zugelassen werden.

3. Aus Konstruktionsrücksichten kann für Bleche, die nicht im ersten Feuerzuge liegen, ausnahmsweise auch ein Material von höherer Festigkeit als 51 kg/qmm, jedoch mit mindestens 20 Prozent Dehnung zugelassen werden. Bei solchen Blechen muß von jedem Ende eine Zug- und eine Hartbiegeprobe entnommen werden.

4. Der Unterschied zwischen der Mindest- und Höchstfestigkeit darf bei einem einzelnen Bleche sowie bei Blechen gleicher Qualität innerhalb einer Lieferung bei Blechlängen

bis 5 m höchstens 6 kg/qmm,

über 5 bis 10 m höchstens 7 kg/qmm,

über 10 m höchstens 8 kg/qmm

betragen, jedoch nur innerhalb der festgesetzten Zugfestigkeits-
grenzen.

5. Bei der Hartbiegeprobe muß sich der Probestreifen bei
Blechen mit einer Festigkeit bis zu 41 kg/qmm einschließlich in
Längs- und Querfaser flach, von 41 bis 47 kg/qmm um einen Dorn
mit einem Durchmesser von der 2 fachen Blechdicke, über
47 kg/qmm um einen solchen von der 3 fachen Blechdicke bis
180⁰ zusammenbiegen lassen.

6. Bei der Schmiedeprobe müssen Streifen von ungefähr
50 mm Breite im rotwarmen Zustande mit der Hammerfinne quer
zur Walzrichtung mindestens auf das 1½ fache ihrer Breite ausgebreitet werden können, ohne an den Kanten und auf der Fläche
Risse zu erhalten.

Bei der Lochprobe dürfen Streifen, die im rotwarmen Zustand in einer Entfernung vom Rande gleich der halben Dicke
des Streifens mit einem konischen Lochstempel gelocht werden,
vom Loche nach der Kante nicht aufreißen.

Der Lochstempel soll bei etwa 50 mm Länge für alle Blechdicken einen kleinsten Durchmesser von etwa 10 mm und einen
größten Durchmesser von etwa 20 mm haben.

B. Winkeleisen.

I. Art der Proben.

1. Biegeprobe (siehe B III. 1).
2. Hartbiegeprobe (siehe B III. 2).
3. Schmiede- und Lochprobe (siehe B III. 3).

II. Anzahl der Probestücke.

25 Prozent der abzunehmenden Stücke.

III. Anforderungen.

1. Im kalten Zustande sollen sich die Schenkel des Winkeleisens unter der Presse um mindestens 40⁰ auseinanderbiegen und
abgeschnittene Längsstreifen bis zu einem Winkel von 180⁰ zusammenbiegen lassen. Bei diesen Proben dürfen sich in der Kehle
und in den Schenkeln nur Anfänge von Rissen zeigen.

2. Nach dem Härten (vergleiche erster Teil, Abschnitt III
Ziffer 13 und 14) sollen sich Längsstreifen um einen Dorn, dessen
Durchmesser gleich der 3 fachen Schenkeldicke ist, bis zu 180⁰
biegen lassen.

betragen, jedoch nur innerhalb der festgesetzten Zugfestigkeits-
grenzen.

5. Bei der Hartbiegeprobe muß sich der Probestreifen bei
Blechen mit einer Festigkeit bis zu 41 kg/qmm einschließlich in
Längs- und Querfaser flach, von 41 bis 47 kg/qmm um einen Dorn
mit einem Durchmesser von der 2 fachen Blechdicke, über
47 kg/qmm um einen solchen von der 3 fachen Blechdicke bis
180⁰ zusammenbiegen lassen.

6. Bei der Schmiedeprobe müssen Streifen von ungefähr
50 mm Breite im rotwarmen Zustande mit der Hammerfinne quer
zur Walzrichtung mindestens auf das 1½ fache ihrer Breite ausgebreitet werden können, ohne an den Kanten und auf der Fläche
Risse zu erhalten.

Bei der Lochprobe dürfen Streifen, die im rotwarmen Zustand in einer Entfernung vom Rande gleich der halben Dicke
des Streifens mit einem konischen Lochstempel gelocht werden,
vom Loche nach der Kante nicht aufreißen.

Der Lochstempel soll bei etwa 50 mm Länge für alle Blechdicken einen kleinsten Durchmesser von etwa 10 mm und einen
größten Durchmesser von etwa 20 mm haben.

B. Winkeleisen.

I. Art der Proben.

1. Biegeprobe (siehe B III. 1).
2. Hartbiegeprobe (siehe B III. 2).
3. Schmiede- und Lochprobe (siehe B III. 3).

II. Anzahl der Probestücke.

25 Prozent der abzunehmenden Stücke.

III. Anforderungen.

1. Im kalten Zustande sollen sich die Schenkel des Winkeleisens unter der Presse um mindestens 40⁰ auseinanderbiegen und
abgeschnittene Längsstreifen bis zu einem Winkel von 180⁰ zusammenbiegen lassen. Bei diesen Proben dürfen sich in der Kehle
und in den Schenkeln nur Anfänge von Rissen zeigen.

2. Nach dem Härten (vergleiche erster Teil, Abschnitt III
Ziffer 13 und 14) sollen sich Längsstreifen um einen Dorn, dessen
Durchmesser gleich der 3 fachen Schenkeldicke ist, bis zu 180⁰
biegen lassen.

3. Beim Schmieden und Lochen sollen Schenkelstreifen denselben Anforderungen wie Blechstreifen (vgl. A IV. 6) entsprechen.

C. Nieteisen.

I. Art der Proben.

1. Zugprobe (siehe C III. 1).
2. Biegeprobe (siehe C III. 2).
3. Stauch- und Lochprobe (siehe C III. 3).
4. Hartbiegeprobe (siehe C III. 4).

II. Anzahl der Probestücke.

4 Prozent der abzunehmenden Stücke.

III. Anforderungen.

1. Zugfestigkeit 34 bis 41 kg/qmm bei einer Dehnung von mindestens 25 Prozent und einer Gütezahl von mindestens 62 [16]).

Soweit Bleche von höherer Zugfestigkeit als 41 kg/qmm verwendet werden, darf das Nietmaterial entsprechend bis zu 47 kg/qmm Zugfestigkeit haben, wenn die Dehnung mindestens die gleiche wie in der Zahlentafel für Bleche ist (vergleiche A IV. 1). Für solches Nieteisen sind Prüfungsbescheinigungen beizubringen.

2. Im kalten Zustande soll das Nieteisen, ohne Risse zu zeigen, so gebogen werden, daß der Abstand der parallel gebogenen Schenkel voneinander nicht mehr als $^1/_5$ des Nietdurchmessers beträgt.

3. Im warmen Zustande soll sich ein Stück Nieteisen, dessen Länge doppelt so groß ist als der Durchmesser, auf $^1/_3$ bis $^1/_4$ der Länge niederstauchen und dann lochen lassen, ohne aufzureißen.

4. Nach dem Härten (vergleiche erster Teil, Abschnitt III Ziffer 13 und 14) soll sich das Nieteisen um einen Dorn, dessen Durchmesser gleich der 2 fachen Dicke des Nieteisens ist, bis zu 180° biegen lassen.

D. Niete.

I. Art der Proben.

1. Stauch- und Lochprobe (siehe D III. 1).
2. Härteprobe (siehe D III. 2).

II. Anzahl der Probestücke.

Von je 1000 Stück 2 Stück.

3. Beim Schmieden und Lochen sollen Schenkelstreifen denselben Anforderungen wie Blechstreifen (vgl. A IV. 6) entsprechen.

C. Nieteisen.

I. Art der Proben.

1. Zugprobe (siehe C III. 1).
2. Biegeprobe (siehe C III. 2).
3. Stauch- und Lochprobe (siehe C III. 3).
4. Hartbiegeprobe (siehe C III. 4).

II. Anzahl der Probestücke.

4 Prozent der abzunehmenden Stücke.

III. Anforderungen.

1. Zugfestigkeit 34 bis 41 kg/qmm bei einer Dehnung von mindestens 25 Prozent und einer Gütezahl von mindestens 62[16]).

Soweit Bleche von höherer Zugfestigkeit als 41 kg/qmm verwendet werden, darf das Nietmaterial entsprechend bis zu 47 kg/qmm Zugfestigkeit haben, wenn die Dehnung mindestens die Gleiche wie in der Zahlentafel für Bleche ist (vergleiche A IV. 1). Für solches Nieteisen sind Prüfungsbescheinigungen beizubringen.

2. Im kalten Zustande soll das Nieteisen, ohne Risse zu zeigen, so gebogen werden, daß der Abstand der parallel gebogenen Schenkel voneinander nicht mehr als $^1/_5$ des Nietdurchmessers beträgt.

3. Im warmen Zustande soll sich ein Stück Nieteisen, dessen Länge doppelt so groß ist als der Durchmesser, auf $^1/_3$ bis $^1/_4$ der Länge niederstauchen und dann lochen lassen, ohne aufzureißen.

4. Nach dem Härten (vergleiche erster Teil, Abschnitt III Ziffer 13 und 14) soll sich das Nieteisen um einen Dorn, dessen Durchmesser gleich der 2fachen Dicke des Nieteisens ist, bis zu 180° biegen lassen.

D. Niete.

I. Art der Proben.

1. Stauch- und Lochprobe (siehe D III. 1).
2. Härteprobe (siehe D III. 2).

II. Anzahl der Probestücke.

Von je 1000 Stück 2 Stück.

III. Anforderungen.

1. Im warmen Zustande soll sich ein Nietschaft, dessen Länge doppelt so groß ist als der Durchmesser, auf $^1/_3$ bis $^1/_4$ der Länge niederstauchen und dann lochen lassen, ohne aufzureißen.

2. Nach dem Härten (vergleiche erster Teil, Abschnitt III Ziffer 13 und 14) soll sich ein Stück Nietschaft, dessen Länge doppelt so groß ist als der Durchmesser, um $^2/_5$ der Länge zusammenstauchen lassen, ohne daß die Oberfläche reißt.

E. Anker und Stehbolzen.

I. Art der Proben.

1. Zugprobe (siehe E III. 1).
2. Hartbiegeprobe (siehe E III. 2).

II. Anzahl der Probestücke.

Von je 25 Stangen gleichen Durchmessers eine Stange.

III. Anforderungen.

1. Zugfestigkeit 34 bis 41 kg/qmm bei einer Dehnung von mindestens 25 Prozent und einer Gütezahl von mindestens 62 [16]).

Ausnahmsweise ist ein Material bis zu 47 kg/qmm Festigkeit zulässig, wenn die Dehnung mindestens die gleiche wie in der Zahlentafel für Bleche ist (vergleiche A IV. 1). Für solches Material sind Prüfungsbescheinigungen beizubringen.

2. Nach dem Härten (vergleiche erster Teil, Abschnitt III Ziffer 13 und 14) soll sich ein Stück Anker- oder Stehbolzeneisen um einen Dorn gleich der 2 fachen Dicke des Eisens bis zu 180° biegen lassen.

F. Wasserrohre.

I. Art der Proben.

1. Aufweitprobe (siehe F III. 3).
2. Bördelprobe (siehe F III. 4).
3. Hartbiegeprobe (siehe F III. 5).
4. Wasserdruckprobe (siehe F III. 6).

Diesen Prüfungen unterliegen Wasserrohre unter 6 mm Wanddicke; solche von 6 mm Wanddicke und darüber werden nur der Wasserdruckprobe unterzogen. Heizrohre bedürfen der Prüfung nicht.

II. Anzahl der Probestücke.

Etwa 2 Prozent der abzunehmenden Rohre, mindestens aber zwei Rohre.

III. Anforderungen.

1. Im warmen Zustande soll sich ein Nietschaft, dessen Länge doppelt so groß ist als der Durchmesser, auf $^1/_3$ bis $^1/_4$ der Länge niederstauchen und dann lochen lassen, ohne aufzureißen.

2. Nach dem Härten (vergleiche erster Teil, Abschnitt III Ziffer 13 und 14) soll sich ein Stück Nietschaft, dessen Länge doppelt so groß ist als der Durchmesser, um $^2/_5$ der Länge zusammenstauchen lassen, ohne daß die Oberfläche reißt.

E. Anker und Stehbolzen.

I. Art der Proben.

1. Zugprobe (siehe E III. 1).
2. Hartbiegeprobe (siehe E III. 2).

II. Anzahl der Probestücke.

Von je 25 Stangen gleichen Durchmessers eine Stange.

III. Anforderungen.

1. Zugfestigkeit 34 bis 41 kg/qmm bei einer Dehnung von mindestens 25 Prozent und einer Gütezahl von mindestens 62[16]).

Ausnahmsweise ist ein Material bis zu 47 kg/qmm Festigkeit zulässig, wenn die Dehnung mindestens die gleiche wie in der Zahlentafel für Bleche ist (vergleiche A IV. 1). Für solches Material sind Prüfungsbescheinigungen beizubringen.

2. Nach dem Härten (vergleiche erster Teil, Abschnitt III, Ziffer 13 und 14) soll sich ein Stück Anker- oder Stehbolzeneisen um einen Dorn gleich der 2 fachen Dicke des Eisens bis zu 180° biegen lassen.

F. Wasserrohre.

I. Art der Proben.

1. Aufweitprobe (siehe F III. 3).
2. Bördelprobe (siehe F III. 4).
3. Hartbiegeprobe (siehe F III. 5).
4. Wasserdruckprobe (siehe F III. 6).

Diesen Prüfungen unterliegen Wasserrohre unter 6 mm Wanddicke; solche von 6 mm Wanddicke und darüber werden nur der Wasserdruckprobe unterzogen. Heizrohre bedürfen der Prüfung nicht.

II. Anzahl der Probestücke.

Etwa 2 Prozent der abzunehmenden Rohre, mindestens aber zwei Rohre.

III. Anforderungen.

1. Die Rohre sollen innen und außen kalibriert, ohne Zunder, Narben, Risse, und andere für den Betrieb schädliche Fehler, sowie glatt und rechtwinklig abgeschnitten sein.

2. Die Wanddicke der Wasserrohre soll

a) bei geschweißten Rohren:

bis 83 mm äußeren Durchmesser mindestens					3,00 mm
über 83 „ 102 „	„	„	„		3,25 „
„ 102 „ 121 „	„	„	„		3,75 „
„ 121 „ 140 „	„	„	„		4,00 „
„ 140 „ 191 „	„	„	„		4,50 „
„ 191 „ 216 „	„	„	„		5,50 „

b) bei nahtlosen Rohren:

bis 30 mm äußeren Durchmesser mindestens					1,80 mm
über 30 „ 50 „	„	„	„		2,00 „
„ 50 „ 57 „	„	„	„		2,50 „
„ 57 „ 60 „	„	„	„		2,75 „
„ 60 „ 83 „	„	„	„		3,00 „
„ 83 „ 102 „	„	„	„		3,25 „
„ 102 „ 121 „	„	„	„		3,75 „
„ 121 „ 140 „	„	„	„		4,00 „
„ 140 „ 191 „	„	„	„		4,50 „
„ 191 „ 216 „	„	„	„		5,50 „

betragen.

Die vorgeschriebene Wanddicke soll an keiner Stelle um mehr als 20 Prozent unterschritten werden.

3. Rohrenden sollen sich im kalten Zustand auf eine Länge von 30 mm aufweiten lassen, und zwar:

a) bei einer Wanddicke bis zu 4 mm bei geschweißten Rohren um 7 Prozent, bei nahtlosen Rohren um 10 Prozent des inneren Durchmessers;

b) bei einer Wanddicke über 4 mm bis zu 6 mm bei geschweißten Rohren um 4 Prozent, bei nahtlosen Rohren um 6 Prozent des inneren Durchmessers.

Das Aufweiten der Rohrenden muß durch Hämmern über einem Dorn erfolgen.

4. Rohrenden müssen sich im kalten Zustande nach außen umbördeln lassen, und zwar bei allen Rohrdurchmessern und Wanddicken um 90°.

III. Anforderungen.

1. Die Rohre sollen innen und außen kalibriert, ohne Zunder, Narben, Risse, und andere für den Betrieb schädliche Fehler, sowie glatt und rechtwinklig abgeschnitten sein.

2. Die Wanddicke der Wasserrohre soll

a) bei geschweißten Rohren:

bis	83 mm äußeren Durchmesser mindestens				3,00 mm
über 83 „ 102 „	„	„	„		3,25 „
„ 102 „ 121 „	„	„	„		3,75 „
„ 121 „ 140 „	„	„	„		4,00 „
„ 140 „ 191 „	„	„	„		4,50 „
„ 191 „ 216 „	„	„	„		5,50 „

b) bei nahtlosen Rohren:

bis	30 mm äußeren Durchmesser mindestens				1,80 mm
über 30 „ 50 „	„	„	„		2,00 „
„ 50 „ 57 „	„	„	„		2,50 „
„ 57 „ 60 „	„	„	„		2,75 „
„ 60 „ 83 „	„	„	„		3,00 „
„ 83 „ 102 „	„	„	„		3,25 „
„ 102 „ 121 „	„	„	„		3,75 „
„ 121 „ 140 „	„	„	„		4,00 „
„ 140 „ 191 „	„	„	„		4,50 „
„ 191 „ 216 „	„	„	„		5,50 „

betragen.

Die vorgeschriebene Wanddicke soll an keiner Stelle um mehr als 20 Prozent unterschritten werden.

3. Rohrenden sollen sich im kalten Zustand auf eine Länge von 30 mm aufweiten lassen, und zwar:

a) bei einer Wanddicke bis zu 4 mm bei geschweißten Rohren um 7 Prozent, bei nahtlosen Rohren um 10 Prozent des inneren Durchmessers;

b) bei einer Wanddicke über 4 mm bis 6 mm bei geschweißten Rohren um 4 Prozent, bei nahtlosen Rohren um 6 Prozent des inneren Durchmessers.

Das Aufweiten der Rohrenden muß durch Hämmern über einem Dorn erfolgen.

4. Rohrenden müssen sich im kalten Zustande nach außen umbördeln lassen, und zwar bei allen Rohrdurchmessern und Wanddicken um 90°.

Die Breite des Bördels muß 12 Prozent des inneren Rohrdurchmessers betragen.

5. Nach dem Härten (vergleiche erster Teil, Abschnitt III Ziffer 13 und 14) sollen sich Rohrabschnitte geschweißter Rohre von 100 mm Länge ganz zusammendrücken lassen, doch soll die Schweißnaht nicht in den am stärksten gebogenen Teilen liegen.

Rohrabschnitte nahtloser Rohre von 100 mm Länge sollen sich nach dem Härten so zusammendrücken lassen, daß sie in der Mitte aufeinander liegen, während die Enden einen Bogen bilden, dessen Radius gleich der doppelten Wanddicke ist.

6. Die Rohre sollen einem Wasserdrucke von der 3 fachen Höhe des Betriebsüberdrucks, mindestens aber von 30 Atmosphären Überdruck, widerstehen, ohne eine Formänderung oder Undichtigkeit zu zeigen. Die Rohre sind, während sie unter dem Probedrucke stehen, abzuhämmern, namentlich auch an der Schweißnaht.

Bauvorschriften für Landdampfkessel.

I. Material.

1. Für die Anforderungen an das zum Baue von Dampfkesseln zur Verwendung kommende Schweiß- und Flußeisen sind die Materialvorschriften für Landdampfkessel maßgebend.

2. Für Kupfer kann, wenn größere Festigkeit nicht nachgewiesen wird, eine Zugfestigkeit von 22 kg/qmm bei Temperaturen bis 120^0 C angenommen werden. Im Falle höherer Temperatur ist die Zugfestigkeit für je 20^0 C um 1 kg/mm niedriger zu wählen.

3. Gegenüber überhitztem Wasserdampfe von 250^0 C und mehr ist die Verwendung von Kupfer zu vermeiden.

4. Für kupferne Dampfrohrleitungen ist innerhalb der bezeichneten Grenze eine Materialbeanspruchung von höchstens $^1/_{10}$ der Zugfestigkeit zulässig.

5. Die Scherfestigkeit des Schweißeisens, Flußeisens und des Kupfers kann zu 0,8 der Zugfestigkeit angenommen werden.

II. Vernietung, Schweißung und Bearbeitung im Feuer.

1. Die Nietnähte sollen stets so ausgeführt werden, daß der erforderliche Widerstand gegen Gleiten vorhanden ist und daß

Die Breite des Bördels muß 12 Prozent des inneren Rohrdurchmessers betragen.

5. Nach dem Härten (vergleiche erster Teil, Abschnitt III, Ziffer 13 und 14) sollen sich Rohrabschnitte geschweißter Rohre von 100 mm Länge ganz zusammendrücken lassen, doch soll die Schweißnaht nicht in den am stärksten gebogenen Teilen liegen.

Rohrabschnitte nahtloser Rohre von 100 mm Länge sollen sich nach dem Härten so zusammendrücken lassen, daß sie in der Mitte aufeinanderliegen, während die Enden einen Bogen bilden, dessen Radius gleich der doppelten Wanddicke ist.

6. Die Rohre sollen einem Wasserdrucke von der 3 fachen Höhe des Betriebsüberdrucks, mindestens aber von 30 Atmosphären, Überdruck widerstehen, ohne eine Formänderung oder Undichtigkeit zu zeigen. Die Rohre sind, während sie unter dem Probedrucke stehen, abzuhämmern, namentlich auch an der Schweißnaht.

Bauvorschriften für Schiffsdampfkessel.

I. Material.

1. Für die Anforderungen an das zum Baue von Dampfkesseln zur Verwendung kommende Schweiß- und Flußeisen sind die Materialvorschriften für Schiffsdampfkessel maßgebend.

2. Für Kupfer kann, wenn größere Festigkeit nicht nachgewiesen wird, eine Zugfestigkeit von 22 kg/qmm bei Temperaturen bis 120° C angenommen werden. Im Falle höherer Temperatur ist die Zugfestigkeit für je 20° C um 1 kg/mm niedriger zu wählen.

3. Gegenüber überhitztem Wasserdampfe von 250° C und mehr ist die Verwendung von Kupfer zu vermeiden.

4. Für kupferne Dampfrohrleitungen ist innerhalb der bezeichneten Grenze eine Materialbeanspruchung von höchstens $^1/_{10}$ der Zugfestigkeit zulässig.

5. Die Scherfestigkeit des Schweißeisens, Flußeisens und des Kupfers kann zu 0,8 der Zugfestigkeit angenommen werden.

II. Vernietung, Schweißung und Bearbeitung im Feuer.

1. Die Nietnähte sollen stets so ausgeführt werden, daß der erforderliche Widerstand gegen Gleiten vorhanden ist und daß

die Widerstandsfähigkeit der Niete gegen Abscheren sich nicht geringer ergibt als die in Rechnung zu ziehende Festigkeit des Bleches in der Nietnaht. Hierbei darf die Belastung eines Nietes durch die Scherkraft auf 1 qmm Nietquerschnitt höchstens 7 kg/qmm betragen, sofern keine höhere Zugfestigkeit des Nietmaterials als 38 kg/qmm nachgewiesen wird. Trifft diese Voraussetzung zu, so kann der für eine Belastung mit 7 kg/qmm berechnete Nietdurchmesser mit der Wurzel aus dem Quotienten, der sich aus der Zahl 38 und der nachgewiesenen Festigkeit ergibt, multipliziert werden.

2. Bei Laschennietung sollen die Laschen aus Blechen von mindestens gleicher Güte wie die Mantelbleche geschnitten werden.

3. Die Festigkeit gut und mittels Überlappung geschweißter Nähte kann zu 0,7 der Festigkeit des vollen Bleches in Rechnung gesetzt werden.

4. Empfehlenswert ist es, solche Nähte, welche auf Biegung oder Zug beansprucht werden, nicht zu schweißen und keine Schweißnaht herzustellen, wenn das geschweißte Stück nicht nachträglich ausgeglüht werden kann [17]).

5. In besonderen Fällen kann bei geschweißten Längsnähten in Kesselmänteln verlangt werden, daß Sicherheitslaschen angebracht werden.

6. Jedes geschweißte Stück ist, wenn irgend möglich, gut auszuglühen [17]).

7. Bleche, die im Feuer bearbeitet worden sind, müssen nach vollendeter Formgebung, soweit dies möglich ist, sachgemäß ausgeglüht werden. Dies gilt besonders für solche Bleche, welche wiederholt einer stellenweisen Erhitzung ausgesetzt worden sind.

III. Berechnung der Blechdicken zylindrischer Dampfkesselwandungen mit innerem Überdrucke.

1. Bezeichnet

s die Blechdicke in mm,

D den größten inneren Durchmesser des Kesselmantels in mm,

p den größten Betriebsüberdruck in atm.,

K die Zugfestigkeit des zu dem Mantel verwendeten Bleches,

x einen Zahlenwert,

die Widerstandsfähigkeit der Niete gegen Abscheren sich nicht geringer ergibt als die in Rechnung zu ziehende Festigkeit des Bleches in der Nietnaht. Hierbei darf die Belastung eines Nietes durch die Scherkraft auf 1 qmm Nietquerschnitt höchstens 7 kg/qmm betragen, sofern keine höhere Zugfestigkeit des Nietmaterials als 38 kg/qmm nachgewiesen wird. Trifft diese Voraussetzung zu, so kann der für eine Belastung mit 7 kg/qmm berechnete Nietdurchmesser mit der Wurzel aus dem Quotienten, der sich aus der Zahl 38 und der nachgewiesenen Festigkeit ergibt, multipliziert werden.

2. Bei Laschennietung sollen die Laschen aus Blechen von mindestens gleicher Güte wie die Mantelbleche geschnitten werden.

3. Die Festigkeit gut und mittels Überlappung geschweißter Nähte kann zu 0,7 der Festigkeit des vollen Bleches in Rechnung gesetzt werden.

4. Empfehlenswert ist es, solche Nähte, welche auf Biegung oder Zug beansprucht werden, nicht zu schweißen und keine Schweißnaht herzustellen, wenn das geschweißte Stück nicht nachträglich ausgeglüht werden kann [17]).

5. In besonderen Fällen kann bei geschweißten Längsnähten in Kesselmänteln verlangt werden, daß Sicherheitslaschen angebracht werden.

6. Jedes geschweißte Stück ist, wenn irgend möglich, gut auszuglühen [17]).

7. Bleche, die im Feuer bearbeitet worden sind, müssen nach vollendeter Formgebung, soweit dies möglich ist, sachgemäß ausgeglüht werden. Dies gilt besonders für solche Bleche, welche wiederholt einer stellenweisen Erhitzung ausgesetzt worden sind.

III. Berechnung der Blechdicken zylindrischer Dampfkesselwandungen mit innerem Überdrucke.

1. Bezeichnet

s die Blechdicke in mm,
D den größten inneren Durchmesser des Kesselmantels in mm,
p den größten Betriebsüberdruck in atm.,
K die Zugfestigkeit des zu dem Mantel verwendeten Bleches,
x einen Zahlenwert,

z das Verhältnis der Mindestfestigkeit der Längsnaht zur Zug-
    festigkeit des vollen Bleches,

dann ist

$$s = D \, \frac{p\,x}{200\,K\,z} + 1 \quad \text{oder} \quad p = \frac{200\,K\,z\,(s-1)}{D\,x}. \qquad 1)$$

Hierin sind zu wählen:

K = 33 kg/qmm bei Schweißeisen,

K = 36   „   „ Flußeisen von 34 bis 41 kg/mm Zugfestigkeit

K = 40   „   „   „   „ 40 „ 47   „   „   [18]

K = 44   „   „   „   „ 44 „ 51   „   „   [18]

x = 4,75 bei überlappten oder einseitig gelaschten, handge-
    nieteten Nähten,

x = 4,5 bei überlappten oder einseitig gelaschten, maschinen-
    genieteten Nähten und bei geschweißten Nähten (unter
    Beachtung von Abschnitt II Ziffer 3 bis 6),

x = 4,35 bei zweireihigen, doppeltgelaschten, handgenieteten
    Nähten, deren eine Lasche nur einreihig genietet ist,

x = 4,25 bei doppeltgelaschten, handgenieteten Nähten,

x = 4,1 bei zweireihigen, doppeltgelaschten, maschinengenieteten
    Nähten, deren eine Lasche nur einreihig genietet ist,

x = 4 bei doppeltgelaschten, maschinengenieteten Nähten.

2. Die Werte x = 4,25 und x = 4 können auch dann in die
Rechnung eingeführt werden, wenn bei drei- und mehrreihigen
Doppellaschennietungen die eine Lasche eine Nietreihe weniger
besitzt als die anderen.

3. Die Blechdicke soll nicht geringer als 7 mm genommen
werden; nur bei kleinen Kesseln (z. B. für Feuerspritzen oder
Kraftfahrzeuge) sind allenfalls dünnere Bleche zulässig.

4. Bleche, die eine höhere Zugfestigkeit als 41 kg/qmm besitzen[19]), dürfen zu Mantelteilen nur verwendet werden, wenn
die Verarbeitung kalt oder rotwarm stattfindet, wenn die Kanten
gehobelt, gedreht, gefräst oder — mangels anderer Möglichkeit
der Bearbeitung — gemeißelt werden und [20]) wenn ihre Verbindung in den Längsnähten durch Doppellaschennietung erfolgt
und die Nietung maschinell hergestellt wird[21]).

z das Verhältnis der Mindestfestigkeit der Längsnaht zur Zugfestigkeit des vollen Bleches,

dann ist

$$s = D \frac{p\,x}{200\,K\,z} + 1 \quad \text{oder} \quad p = \frac{200\,K\,z\,(s-1)}{D\,x} \quad . \quad . \quad 1)$$

Hierin sind zu wählen:

K = 33 kg/qmm bei Schweißeisen,

K = 36   ,,   ,, Flußeisen von 34 bis 41 kg/mm Zugfestigkeit,

K = die vom Erbauer anzugebende, in die Kesselzeichnung oder
       Beschreibung einzutragende Mindestfestigkeit, sofern Fluß-
       eisen von höherer Festigkeit als 41 kg/qmm benutzt werden
       soll,

x = 4,75 bei überlappten oder einseitig gelaschten handge-
       nieteten Nähten,

x = 4,5 bei überlappten oder einseitig gelaschten maschinen-
       genieteten Nähten und bei geschweißten Nähten (unter
       Beachtung von Abschnitt II, Ziffer 3 bis 6),

x = 4,35 bei zweireihigen, doppeltgelaschten, handgenieteten
       Nähten, deren eine Lasche nur einreihig genietet ist,

x = 4,25 bei doppeltgelaschten, handgenieteten Nähten,

x = 4,1 bei zweireihigen, doppeltgelaschten, maschinengenieteten
       Nähten, deren eine Lasche nur einreihig genietet ist,

x = 4 bei doppeltgelaschten, maschinengenieteten Nähten.

2. Die Werte x = 4,25 und x = 4 können auch dann in die
Rechnung eingeführt werden, wenn bei drei- und mehrreihigen
Doppellaschennietungen die eine Lasche eine Nietreihe weniger
besitzt als die anderen.

3. Die Blechdicke soll nicht geringer als 7 mm genommen
werden; nur bei kleinen Kesseln sind allenfalls dünnere Bleche
zulässig.

5. Unterschreitungen der Wanddicken, die innerhalb der in den Materialvorschriften für Landkessel, erster Teil, Abschnitt III, Ziffer 6, bezeichneten zulässigen Grenzen bleiben, werden bei der Berechnung nicht berücksichtigt.

6. Die Zugbeanspruchung des Bleches darf unter Annahme gleichmäßiger Spannungsverteilung über den Querschnitt in keiner Nietreihe die Grenze $\dfrac{K}{x}$ überschreiten.

7. Hinsichtlich der zulässigen Nietbeanspruchung vergleiche Abschnitt II.

8. Bei Berechnung der Wanddicke nahtlos gewalzter Mantelschüsse kann $x = 4$ und $z = 1$ gesetzt werden, sofern keine Schwächung der Wandung vorhanden ist[22].

9. Es empfiehlt sich, die Nietlöcher zu bohren. Die Nietlöcher in Blechen, die eine höhere Zugfestigkeit als 41 kg/qmm besitzen, und in solchen über 27 mm Dicke müssen gebohrt werden derart, daß das Bohren der Löcher an den zum Kessel zusammengesetzten Blechen vorgenommen wird[19]. Werden die Nietlöcher schwächerer Bleche gelocht, so ist zu den vorstehenden Werten von x ein Zuschlag von 0,25 erforderlich. Bei gelochten und mindestens um ¼ des Durchmessers der Nietlöcher aufgebohrten Löchern kann dieser Zuschlag auf 0,1 ermäßigt werden.

4. Unterschreitungen der Wanddicken, die innerhalb der in den Materialvorschriften für Schiffsdampfkessel, erster Teil, Abschnitt III, Ziffer 6, bezeichneten zulässigen Grenzen bleiben, werden bei der Berechnung nicht berücksichtigt.

5. Die Zugbeanspruchung des Bleches darf unter Annahme gleichmäßiger Spannungsverteilung über den Querschnitt in keiner Nietreihe die Grenze $\dfrac{K}{x}$ überschreiten.

6. Hinsichtlich der zulässigen Nietbeanspruchung vergleiche Abschnitt II.

7. Bei Berechnung der Wanddicke nahtlos gewalzter Mantelschüsse kann $x = 4$ und $z = 1$ gesetzt werden, sofern keine Schwächung der Wandung vorhanden ist [22]).

8. Es empfiehlt sich, die Nietlöcher zu bohren. Die Nietlöcher von Blechen über 41 kg/qmm Zugfestigkeit und von solchen über 27 mm Dicke müssen gebohrt werden. Werden die Nietlöcher schwächerer Bleche gelocht, so ist zu den vorstehenden Werten von x ein Zuschlag von 0,25 erforderlich. Bei gelochten und mindestens um $\frac{1}{4}$ des Durchmessers der Nietlöcher aufgebohrten Löchern kann dieser Zuschlag auf 0,1 ermäßigt werden.

9. Überschreitet die Plattendicke 12,5 mm, so sind die Rundnähte doppelt und bei 25,0 mm und darüber die mittleren Rundnähte dreifach zu nieten.

10. Sind in den Mantelblechen Stehbolzen angeordnet, so ist darauf zu achten, daß die Festigkeit des Bleches in den Stehbolzenreihen (auf die Länge eines Mantelschusses bezogen) nicht geringer wird als diejenige in der Längsnietung des Kesselmantels.

11. Die Dicke jeder Doppellasche muß mindestens $\frac{3}{4}$ der Wanddicke des Kesselmantels betragen; einfache Laschen müssen mindestens 3 mm stärker als die Wanddicke des Kesselmantels gewählt werden.

12. Der Nietdurchmesser darf nicht größer als 2 s und nicht kleiner als s sein, wobei die erste Grenze für dünne, die zweite für dicke Bleche gilt.

13. Überschreitet die Nietteilung 8 mal Mantelblech- oder Laschendicke, so müssen die Laschenränder zickzackförmig ausgeschnitten werden, um ein zuverlässiges Verstemmen zu ermöglichen.

IV. Berechnung der Blechdicken von Dampfkessel-Flammrohren mit äußerem Überdrucke.

Glatte und versteifte Rohre.

1. Bezeichnet

s die Blechdicke in mm,

d den inneren Durchmesser zylindrischer Flammrohre, bei konischen Flammrohren den mittleren inneren Durchmesser in mm,

p den größten Betriebsüberdruck in atm.,

a einen Zahlenwert,

l die Länge des Flammrohrs in mm, zutreffendenfalls die größte Entfernung der **wirksamen** Versteifungen voneinander,

dann ist

$$ s = \frac{p \cdot d}{2400}\left(1 + \sqrt{1 + \frac{a}{p}\frac{l}{(l+d)}}\right) + 2\,\mathrm{mm} \quad . \quad 2)\,{}^{23}) $$

Hierin ist zu wählen:

a = 100 für Rohre mit überlappter Längsnaht ⎫
a = 80 für Rohre mit gelaschter oder ge- ⎬ bei liegenden
     schweißter Längsnaht ⎭ Flammrohren

a = 70 für Rohre mit überlappter Längsnaht ⎫
a = 50 für Rohre mit gelaschter oder ge- ⎬ bei stehenden
     schweißter Längsnaht ⎭ Flammrohren

Als **wirksame** Versteifungen gelten neben den Stirnplatten und den Rohrwänden vorzugsweise folgende Konstruktionen:

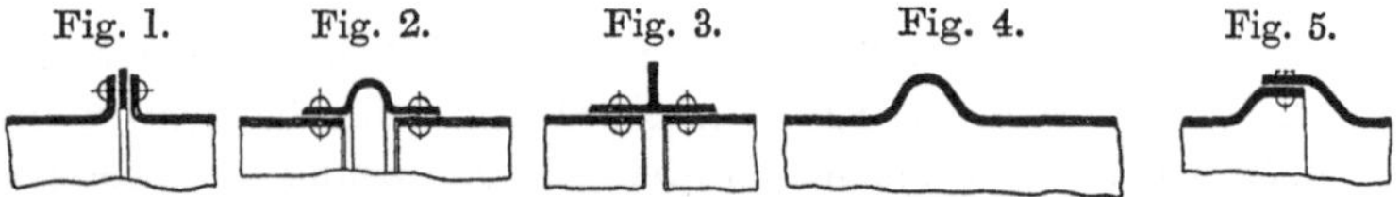

Fig. 1.   Fig. 2.   Fig. 3.   Fig. 4.   Fig. 5.

die letztere jedoch nur unter der Voraussetzung, daß die Abkröpfung nicht weniger als etwa 50 mm beträgt.

2. Die Länge l derjenigen Rohrstrecken, welche von Quersiedern durchdrungen werden, kann man wie folgt annehmen:

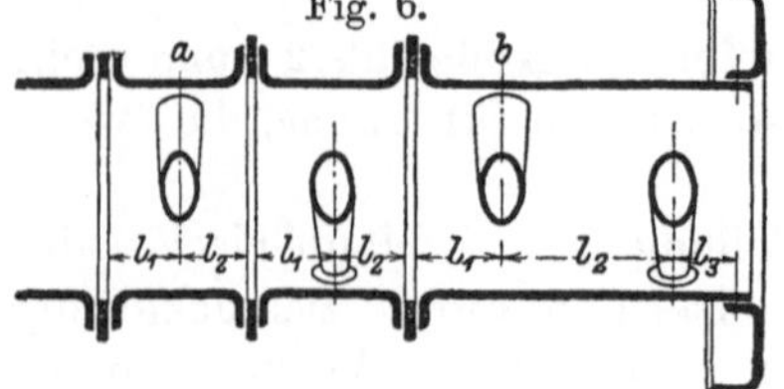

Fig. 6.

bei der Rohrstrecke a

$l = l_1 + 0,5\,l_2$, sofern l_1 die größere Strecke,

bei der Rohrstrecke b

$l = l_1 + l_2$, sofern l_1 größer als l_3, andernfalls tritt l_3 an die Stelle von l_1,

IV. Berechnung der Blechdicken von Dampfkessel-Flammrohren mit äußerem Überdrucke.

Glatte und versteifte Rohre.

1. Bezeichnet

s die Blechdicke in mm,

d den inneren Durchmesser zylindrischer Flammrohre, bei konischen Flammrohren den mittleren inneren Durchmesser in mm,

p den größten Betriebsüberdruck in atm.,

l die Länge des Flammrohrs in mm, zutreffendenfalls die größte Entfernung der wirksamen Versteifungen voneinander,

dann ist

$$s = 0{,}00375 \sqrt{p \cdot d \cdot l} \quad \ldots \ldots \ldots \quad 2)^{23)}$$

Wenn $\dfrac{p \cdot d}{l}$ größer als 5 ist, so wird die Dicke des Flammrohrs nach der folgenden Formel berechnet:

$$s = \frac{p \cdot d}{1000} + \frac{l}{300} \quad \ldots \ldots \ldots \quad 2\,a)^{23)}$$

Als wirksame Versteifungen gelten neben den Stirnplatten und den Rohrwänden vorzugsweise folgende Konstruktionen:

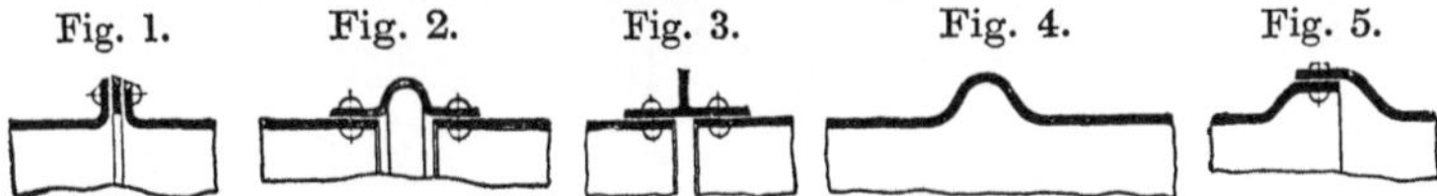

die letztere jedoch nur unter der Voraussetzung, daß die Abkröpfung nicht weniger als etwa 50 mm beträgt.

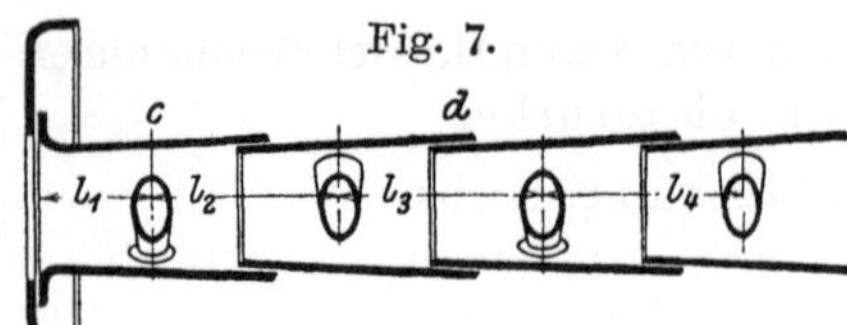

Fig. 7.

bei der Rohrstrecke c
$$l = l_1 + l_2,$$
bei der Rohrstrecke d
$$l = l_2 + l_3 \text{ beziehungs-}$$
weise $l = l_3 + l_4$.

3. Sind mit Rücksicht auf die Größe, die Befestigungsweise, den Durchdringungsort des Querrohrs usw. Zweifel vorhanden, ob es in ausreichendem Maße versteifend einwirkt, so ist es rätlich, für l die volle Länge einzusetzen, also von einer rechnungsmäßigen Berücksichtigung der versteifenden Wirkung der Querrohre abzusehen.

Wellrohre und gerippte Rohre nach Systemen:

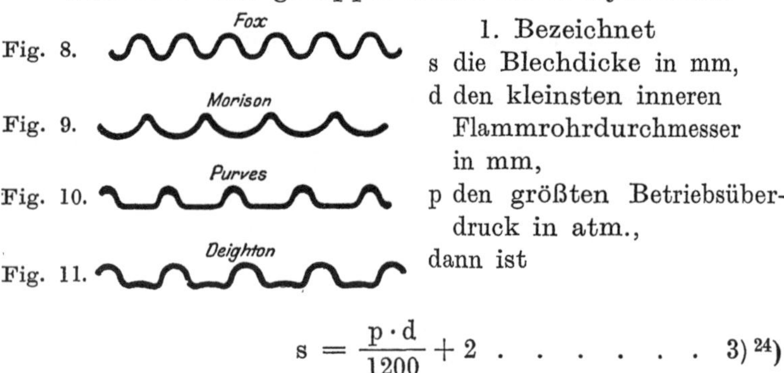

1. Bezeichnet
s die Blechdicke in mm,
d den kleinsten inneren
Flammrohrdurchmesser
in mm,
p den größten Betriebsüberdruck in atm.,
dann ist

$$s = \frac{p \cdot d}{1200} + 2 \quad . \quad . \quad . \quad . \quad . \quad . \quad 3)\,[24]$$

2. Die Blechdicke soll nicht geringer als 7 mm genommen werden; nur bei kleinen Kesseln (z. B. für Feuerspritzen oder Kraftfahrzeuge) sind allenfalls dünnere Bleche zulässig.

V. Berechnung der Blechdicken ebener Wandungen.

Ebene Platten.

1. Bezeichnet
s die Blechdicke in mm,
p den größten Betriebsüberdruck in atm.,

Wellrohre und gerippte Rohre nach Systemen;

1. Bezeichnet
s die Blechdicke in mm,
d den kleinsten inneren Flammrohrdurchmesser in mm,
p den größten Betriebsüberdruck in atm.,
dann ist bei Flammrohren nach Figur 6 bis 9

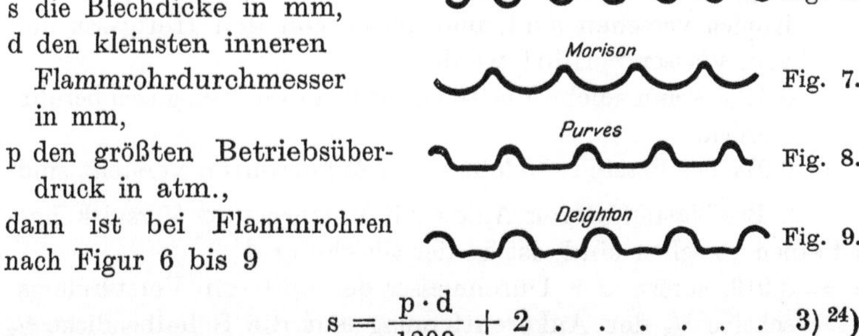

$$s = \frac{p \cdot d}{1200} + 2 \quad \ldots \ldots \quad 3)\,^{24})$$

2. Die Dicke der Flammrohre nach dem Patent von Holmes berechnet sich nach der Formel:

$$s = \frac{p \cdot d}{1010} + 2 \quad \ldots \ldots \quad 3\,a)$$

worin p und d dieselbe Bedeutung wie vorher haben.

3. Die Blechdicke darf nicht geringer als 7 mm genommen werden; nur bei kleinen Kesseln sind allenfalls dünnere Bleche zulässig.

V. Berechnung der Blechdicken ebener Wandungen.

Ebene Platten.

1. Bezeichnet
s die Blechdicke in mm,
p den größten Betriebsüberdruck in atm.,

a den Abstand der Stehbolzen oder Anker innerhalb einer Reihe voneinander in mm,

b den Abstand der Stehbolzen- oder Ankerreihen voneinander in mm,

c einen Zahlenwert,

dann ist $$s = c \cdot \sqrt{p\,(a^2 + b^2)} \quad \dots\dots\dots\dots \quad 4)\,[25]$$

Hierin ist zu wählen:

$c = 0{,}017$ bei Platten, in welche die Stehbolzen oder Anker eingeschraubt und vernietet sind, und welche von den Heizgasen und vom Wasser berührt werden,

$c = 0{,}015$, wenn solche Platten nicht von den Heizgasen berührt werden,

$c = 0{,}0155$ bei Platten, in welche die Stehbolzen oder Anker eingeschraubt und außen mit Muttern oder gedrehten Köpfen versehen sind, und welche von den Heizgasen und vom Wasser berührt werden,

$c = 0{,}0135$, wenn solche Platten nicht von den Heizgasen berührt werden,

$c = 0{,}014$ bei Platten, welche durch Ankerröhren versteift sind.

2. Bei Platten, deren Anker mit Muttern und Verstärkungsscheiben versehen sind, ist in der Gleichung 4

$c = 0{,}013$, sofern der Durchmesser der äußeren Verstärkungsscheibe $^2/_5$ der Ankerentfernung und die Scheibendicke $^2/_3$ der Plattendicke,

$c = 0{,}012$, sofern der Durchmesser der äußeren Verstärkungsscheibe $^3/_5$ der Ankerentfernung und die Scheibendicke $^5/_6$ der Plattendicke,

$c = 0{,}011$, sofern der Durchmesser der äußeren Verstärkungsscheibe $^4/_5$ der Ankerentfernung, auch diese mit der Platte vernietet und die Scheibendicke gleich der Plattendicke ist, und die Platten nicht vom Feuer berührt sind. Werden sie dagegen auf der einen Seite von den Heizgasen, auf der anderen Seite vom Dampfe berührt, dann sind sie, falls sie nicht durch Flammbleche geschützt werden, um $^1/_{10}$ stärker zu nehmen, als die Rechnung ergibt.

a den Abstand der Stehbolzen oder Anker innerhalb einer Reihe voneinander in mm,

b den Abstand der Stehbolzen- oder Ankerreihen voneinander in mm,

c einen Zahlenwert,

dann ist
$$s = c \cdot \sqrt{p\,(a^2 + b^2)} \quad \ldots \ldots \ldots \ldots \quad 4)\,[25]$$

Hierin ist zu wählen:

$c = 0,017$ bei Platten, in welche die Stehbolzen oder Anker eingeschraubt und vernietet sind, und welche von den Heizgasen und vom Wasser berührt werden,

$c = 0,015$, wenn solche Platten nicht von den Heizgasen berührt werden,

$c = 0,0155$ bei Platten, in welche die Stehbolzen oder Anker eingeschraubt und außen mit Muttern oder gedrehten Köpfen versehen sind, und welche von den Heizgasen und vom Wasser berührt werden,

$c = 0,0135$, wenn solche Platten nicht von den Heizgasen berührt werden,

$c = 0,014$ bei Platten, welche durch Ankerröhren versteift sind.

2. Bei Platten, deren Anker mit Muttern und Verstärkungsscheiben versehen sind, ist in der Gleichung 4

$c = 0,013$, sofern der Durchmesser der äußeren Verstärkungsscheibe $^2/_5$ der Ankerentfernung und die Scheibendicke $^2/_3$ der Plattendicke,

$c = 0,012$, sofern der Durchmesser der äußeren Verstärkungsscheibe $^3/_5$ der Ankerentfernung und der Scheibendicke $^5/_6$ der Plattendicke,

$c = 0,011$, sofern der Durchmesser der äußeren Verstärkungsscheibe $^4/_5$ der Ankerentfernung, auch diese mit der Platte vernietet und die Scheibendicke gleich der Plattendicke ist,

und die Platten nicht vom Feuer berührt sind. Werden sie dagegen auf der einen Seite von den Heizgasen, auf der anderen Seite vom Dampfe berührt, dann sind sie, falls sie nicht durch Flammbleche geschützt werden, um $^1/_{10}$ stärker zu nehmen, als die Rechnung ergibt.

3. Bei Platten, die nicht durch Stehbolzen oder Längsanker, sondern durch Eckanker oder in anderer Weise ausreichend versteift sind, ist in der Gleichung 4 [29]

3. Bei unregelmäßig verteilten Verankerungen wie in Figur 12 ist

$$s = c \cdot \tfrac{1}{2} (d_1 + d_2) \sqrt{p} \ldots \ldots \ldots \ldots 5)^{26}).$$

Fig. 12.

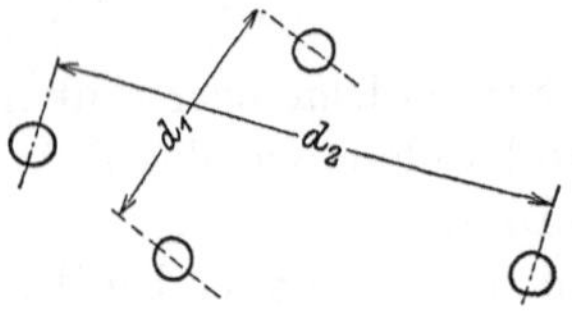

Der Wert von c ist je nach der Art der Verankerung aus Ziffer 1 oder 2 dieses Abschnittes zu entnehmen.

$c = 0{,}013$, sofern die Platten nicht von Heizgasen berührt,

$c = 0{,}014$, sofern sie einerseits von den Heizgasen, anderseits vom Dampf berührt werden.

4. Bei unregelmäßig verteilten Verankerungen, wie in Fig. 10, ist

$$s = c \cdot \tfrac{1}{2}\,(d_1 + d_2)\,\sqrt{p} \quad\ldots\ldots\ldots \text{5) [26]}.$$

Der Wert von c ist je nach der Art der Verankerung aus Ziffer 1 oder 2 dieses Abschnittes zu entnehmen.

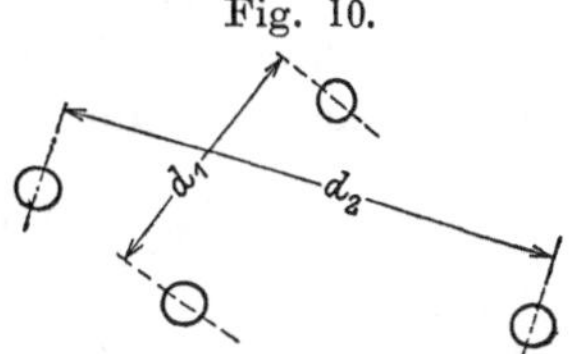

Fig. 10.

5. Ist bei Feuerbüchsen die Decke nicht durch Anker oder in anderer Weise mit dem Kesselmantel verbunden, sondern durch Bügel- oder Deckenträger, welche auf den Rändern der Rohrplatten stehen, unterstützt, dann darf die Dicke der Rohrwand nicht geringer sein als

$$s = \frac{p \cdot w \cdot b}{1900\,(b - d)} \quad\ldots\ldots\ldots \text{6) [30]}$$

worin

w die Weite der Feuerkammer in mm,

b die Entfernung der Rohre voneinander, von Mitte zu Mitte gemessen, in mm,

d den inneren Durchmesser der glatten Rohre in mm bedeuten.

Wenn alle Rohre der obersten Reihe Ankerrohre sind, gilt als d das arithmetische Mittel aus dem inneren Durchmesser der glatten Heizrohre und demjenigen der Ankerrohre.

6. Für die Berechnung der Blechdicke s der ebenen Wände zwischen den Heizrohrbündeln gilt die Formel:

$$s = c_1 \cdot l\sqrt{p} \quad\ldots\ldots\ldots\ldots \text{7) [31]}$$

worin

l den horizontalen Abstand der begrenzenden Rohrreihen voneinander, gemessen von Mittelpunkt zu Mittelpunkt, in mm,

$c_1 = 0{,}0215$, wenn in den begrenzenden Rohrreihen jedes dritte Rohr ein Ankerrohr ist,

$c_1 = 0{,}020$, wenn in den begrenzenden Rohrreihen jedes zweite Rohr ein Ankerrohr ist,

$c_1 = 0{,}0185$, wenn in den begrenzenden Rohrreihen jedes Rohr ein Ankerrohr ist,

bedeuten.

4. Für Verstärkungen nicht dem ersten Feuer ausgesetzter ebener Platten durch Doppelungsplatten können 12½ Prozent von den für die ebenen Platten sich ergebenden Blechdicken in Abzug gebracht werden, wenn die Dicke der Doppelungsplatten mindestens $^2/_3$ der berechneten Blechdicke beträgt und die Doppelungen gut mit den Platten vernietet sind.

5. Rechteckige Platten, die am Umfange befestigt sind, erhalten die Wanddicke

$$s = 0,053\,b\,\sqrt{\dfrac{p}{k_z\left[1+\left(\dfrac{b}{a}\right)^2\right]}} \quad \ldots \ldots \quad 6)\,^{27})$$

worin

s   die Wanddicke in mm,

a   die größere Rechteckseite in mm,

b   die kleinere Rechteckseite in mm,

p   den größten Betriebsüberdruck in atm.,

k_z die zulässige Zugbeanspruchung des Materials in kg/qmm, wofür bis ¼ der rechnungsmäßigen Zugfestigkeit eingeführt werden kann,

bedeuten.

6. Bei Platten, die nicht durch Stehbolzen oder Längsanker, sondern durch Eckanker oder in anderer Weise ausreichend unterstützt werden, ist die Wanddicke nach

$$s = 0,017\,d\,\sqrt{p} \quad \ldots \ldots \ldots \ldots \ldots \quad 7)\,^{28})$$

zu bemessen, sofern nicht nachgewiesen wird, daß eine geringere Wanddicke zulässig ist.

Hierin bedeutet:

s   die Wanddicke in mm,

p   den größten Betriebsüberdruck in atm.,

d   den Durchmesser des größten Kreises in mm, der nach Maßgabe der Figuren 13 bis 16 auf der ebenen Platte durch die Befestigungsstellen gehend beschrieben werden kann.

<table>
<tr><td>Fig. 13.</td><td>Fig. 14.</td></tr>
</table>

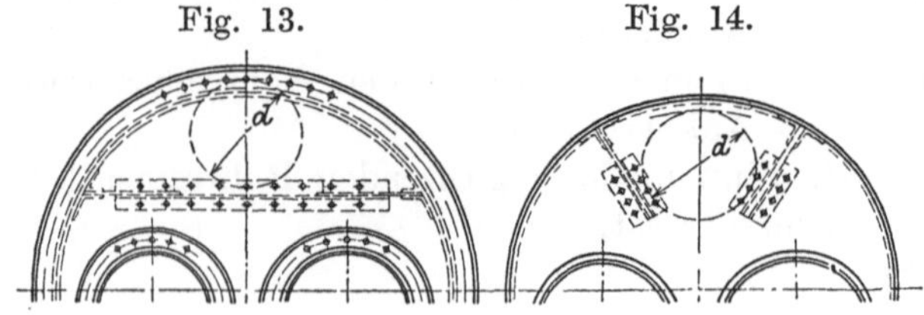

7. Für Verstärkungen nicht dem ersten Feuer ausgesetzter ebener Platten durch Doppelungsplatten können 12½ Prozent von den für die ebenen Platten sich ergebenden Blechdicken in Abzug gebracht werden, wenn die Dicke der Doppelungsplatten mindestens $^2/_3$ der berechneten Blechdicke beträgt und die Doppelungen gut mit den Platten vernietet sind.

Fig. 15.   Fig. 16.

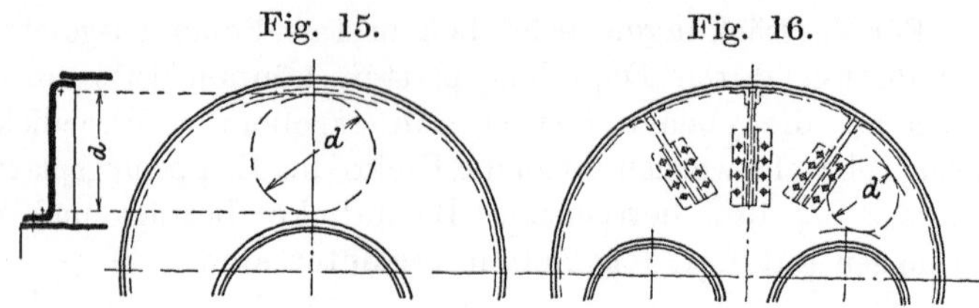

Werden keine Angaben über das Maß des Krempungshalb-
messers der Stirnplatten gemacht, so ist dieses zu 50 mm anzunehmen.

7. Vorstehende Ausführungen gelten nur für flußeiserne
Wandungen.

Durch Stehbolzen oder Anker unterstützte Kupferplatten
erhalten die folgenden Wanddicken und zwar bei regelmäßig
verteilten Verankerungen:

$$s = 5{,}83 \, c \sqrt{\frac{p}{K}\,(a^2 + b^2)} \quad \ldots \ldots \quad 8)^{32})$$

bei unregelmäßig verteilten Verankerungen (wie in Figur 12):

$$s = 5{,}83 \, c \, {}^1/_2 \, (d_1 + d_2) \sqrt{\frac{p}{K}} \quad \ldots \ldots \quad 9)$$

Die Werte von K (Zugfestigkeit des Kupfers) sind aus Abschnitt I, von c je nach der Art der Verankerung aus Ziffer 1
oder 2 dieses Abschnittes zu entnehmen.

Gekrempte ebene Böden.

Bezeichnet

s die Blechdicke in mm,
p den größten Betriebsüberdruck in atm,
r den Wölbungshalbmesser der Krempe in mm,
d den inneren Durchmesser des Bodens in mm,

Fig. 17.

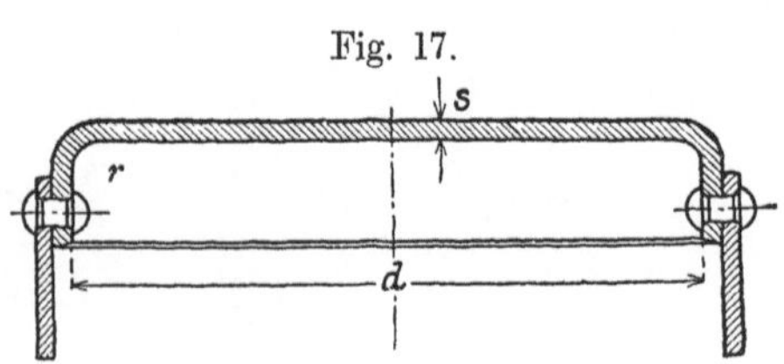

8. Vorstehende Ausführungen gelten nur für flußeiserne Wandungen.

Durch Stehbolzen oder Anker unterstützte Kupferplatten erhalten die folgenden Wanddicken, und zwar bei regelmäßig verteilten Verankerungen:

$$s = 5{,}83\,c\,\sqrt{\frac{p}{K}\,(a^2 + b^2)} \quad . \quad . \quad . \quad . \quad 8)\,[32]$$

bei unregelmäßig verteilten Verankerungen (wie in Figur 10):

$$s = 5{,}83\,c\,{}^1/_2\,(d_1 + d_2)\,\sqrt{\frac{p}{K}} \quad . \quad . \quad . \quad . \quad 9)$$

Die Werte von K (Zugfestigkeit des Kupfers) sind aus Abschnitt I, von c je nach der Art der Verankerung aus Ziffer 1 oder 2 dieses Abschnittes zu entnehmen.

<h3 style="text-align:center">Gekrempte ebene Böden.</h3>

Bezeichnet

s die Blechdicke in mm,

p den größten Betriebsüberdruck in atm.,

r den Wölbungshalbmesser der Krempe in mm,

d den inneren Durchmesser des Bodens in mm,

K die Zugfestigkeit des Materials in kg/qmm,

Fig. 11.

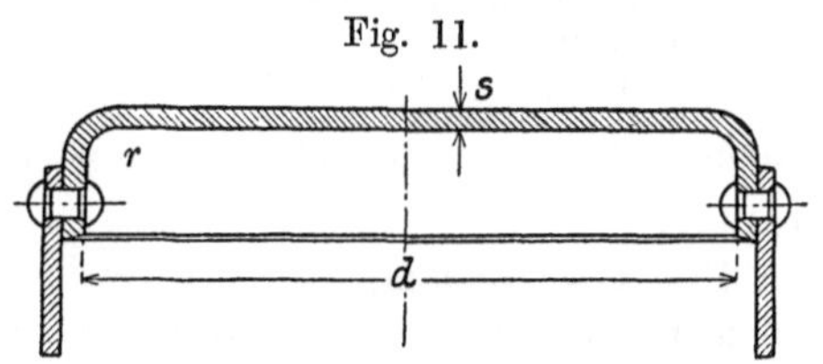

dann ist

$$s = \frac{1}{98}\left[d - r\left(1 + \frac{2\,r}{d}\right)\right]\sqrt{p} \quad . \quad . \quad . \quad 10)\,[33]$$

oder

$$p = 9600\left[\frac{s}{d - r\left(1 + \dfrac{2\,r}{d}\right)}\right]^2 \quad . \quad . \quad . \quad 11)\,[33]$$

Rohrplatten von Heizrohrkesseln.

1. Die außerhalb des Rohrbündels liegenden Teile der Rohrplatte müssen nach den für ebene Wandungen geltenden Bestimmungen (Gleichungen 4 bis 9) verankert werden, falls die Größe der dem Dampfdruck ausgesetzten Fläche die Verankerung fordert.

2. Die innerhalb des Rohrbündels liegenden Teile der Rohrplatte sind wie folgt zu bemessen:

a) bei Verwendung besonderer Anker oder mit Gewinde eingesetzter Ankerrohre sind die Gleichungen 4, 5, 8 oder 9 anzuwenden. Die Rohre können in diesem Falle einfach aufgewalzt sein, jedoch darf die Wandstärke der sicheren Befestigung der Rohre halber

bei Flußeisenplatten

$$\text{nicht unter } s = 5 + \frac{d}{8} \text{ für } d = 38 \text{ bis etwa rund } 100 \text{ mm,}$$

bei Kupferplatten

$$\text{nicht unter } s = 10 + \frac{d}{5} \text{ für } d = 38 \text{ bis etwa rund } 75 \text{ mm}$$

gewählt werden, worin d den äußeren Rohrdurchmesser an der Befestigungsstelle in mm bedeutet; ferner muß der Mindestquerschnitt des Steges zwischen zwei Rohrlöchern betragen:

bei Flußeisenplatten
    180 qmm für d = 38 mm,
zunehmend auf etwa das 2,5 fache für d = rund 100 mm,
bei Kupferplatten
    340 qmm für d = 38 mm,
zunehmend auf etwa das 2,5 fache für d = rund 75 mm.

dann ist

$$s = \sqrt{\frac{3}{800}\frac{p}{K}\left[d - r\left(1 + \frac{2\,r}{d}\right)\right]} \quad . \quad . \quad 10)\,[33]$$

oder

$$p = \frac{800}{3}K\left[\frac{s}{d - r\left(1 + \frac{2\,r}{d}\right)}\right]^2 \quad . \quad . \quad . \quad 11)$$

b) Bei nicht besonders verankerten Rohrwänden, deren
Rohre jedoch beiderseits umgebördelt oder in kegel-
förmig sich nach außen erweiternden Löchern eingewalzt
sind, ist Sicherheit gegen Herausziehen der Rohrenden zu
erwarten, wenn die auf ein Zentimeter Rohrumfang entfallende
Belastung:

Fig. 18.

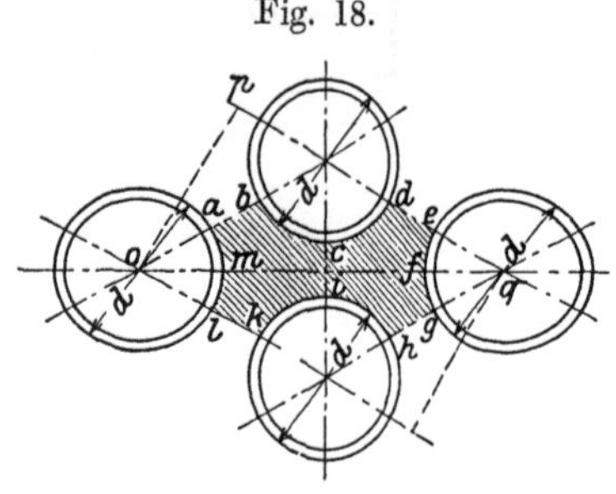

$$\sigma = \frac{p \cdot \text{Fläche } a\,b\,c\,d\,e\,f\,g\,h\,i\,k\,l\,m}{\pi\,d} \quad \dots \quad 12)$$

den Betrag von 25 kg nicht überschreitet, sachgemäße Ausführung vorausgesetzt[34]).

c) Bei nicht besonders verankerten Rohrwänden, deren
Rohre in zylindrischen Löchern glatt eingewalzt sind, ist
bei einer Beanspruchung bis zu 7 atm. Betriebsüberdruck
gleichfalls der Betrag $\sigma = 25$ als zulässig zu erachten. Bei
höheren Dampfspannungen darf jedoch σ den Betrag von
15 kg nicht überschreiten.

Wenn σ diese Beträge nicht überschreitet, bedarf es einer
Berechnung des durch den Dampfdruck beanspruchten kleinen
Feldes a b c d e f g h i k l m nicht, sofern die in Ziffer a mit
Rücksicht auf sichere Befestigung der Rohre geforderten
Mindeststärken vorhanden sind.

In zweifelhaften Fällen kann dahingehende Prüfung
durch die Gleichung

$$p = 360 \left(1 - 0{,}7\,\frac{d}{e}\right)\left(\frac{s}{e}\right)^2 \cdot k_b \quad \dots \quad 13)[34])$$

stattfinden. Hierin bedeuten

    s   die Plattendicke in mm,

    p   den größten Betriebsüberdruck in atm,

d　den äußeren Rohrdurchmesser an der Befestigungsstelle in mm,

e　die Seite des quadratischen Feldes in mm, welches durch die vier unterstützenden Rohre gebildet wird, oder das arithmetische Mittel aus den Seiten des Rechtecks, welches durch die vier Rohre bestimmt erscheint

$$\left(\text{in Figur 18 } e = \frac{\overline{op} + \overline{pq}}{2}\right),$$

k_b die eintretende Biegungsanstrengung des Plattenmaterials in kg/qmm, die bis zur Höhe $= \dfrac{\text{Zugfestigkeit}}{4,5}$ zulässig erscheint.

Wird die Beanspruchung nach Gleichung 13 zu groß oder überschreitet σ die vorgeschriebenen Werte, so sind Anker oder Ankerrohre anzuordnen.

Insbesondere sind Randrohre darauf zu prüfen, ob ihre Belastung innerhalb der als zulässig bezeichneten Grenzen bleibt; im verneinenden Falle ist ein Teil von ihnen nach Gleichung 4 als Ankerrohre auszubilden oder sonstige Verankerung anzuordnen.

3. Ist bei **Feuerbüchsen** die Decke nicht durch Anker oder in anderer Weise mit dem Kesselmantel verbunden, sondern durch Bügel- oder Deckenträger, welche auf den Rändern der Rohrplatten stehen, unterstützt, dann darf die Dicke der Rohrwand nicht geringer sein als

$$s = \frac{p \cdot w \cdot b}{1900\,(b - d)} \quad \cdot \quad \cdot \quad \cdot \quad \cdot \quad 14)\,^{35})$$

worin

w　die Weite der Feuerbüchse in mm (siehe Figur 21),

b　die Entfernung der Rohre voneinander, von Mitte zu Mitte gemessen, in mm,

d　den inneren Durchmesser der Rohre in mm

bedeuten.

VI. Berechnung der Blechdicken gewölbter voller Böden ohne Verankerung gegenüber innerem Überdrucke.

1. Bezeichnet

s　die Blechdicke in mm,

p　den größten Betriebsüberdruck in atm.,

VI. Berechnung der Blechdicken gewölbter voller Böden ohne Verankerung gegenüber innerem Überdrucke.

1. Bezeichnet
   s die Blechdicke in mm,
   p den größten Betriebsüberdruck in atm.,

r den inneren Halbmesser in der Mitte der Wölbung in mm,

k die zulässige Belastung in kg/qmm,

so ist

$$s = \frac{p\,r}{200\,k} \quad \text{oder} \quad p = \frac{200\,s\,k}{r} \qquad . \quad . \quad . \quad 15)\,[36]$$

2. Unter der Voraussetzung, daß der Krempungshalbmesser ausreichend groß gewählt wird, damit ein allmählicher Übergang von dem zylindrischen Teile am Umfange des Bodens in den gewölbten mittleren Teil stattfindet, darf k gewählt werden

bis zu 5 kg/qmm für Schweißeisen,

„ „ 6,5 „   „ Flußeisen,

„ „ 4   „   „ Kupfer, sofern die Dampftemperatur
                           200⁰ C nicht überschreitet.

VII. Berechnung der Blechdicken gewölbter Flammrohrböden mit Aushalsung oder Einhalsung für ein oder zwei Flammrohre.

Unter der Voraussetzung ausreichend großer Krempungshalbmesser der Böden (siehe VI. Ziffer 2) und ausreichend großen Abstandes der Flammrohre von den Krempen sowie unter der Voraussetzung der Verwendung elastischer Flammrohre in Richtung ihrer Achse, so daß die Böden durch die Flammrohre keine erheblichen Zusatzspannungen erfahren, kann die Blechdicke der Böden bis auf weiteres nach der Gleichung 15 gerechnet und dabei k bis 7,5 kg/qmm gewählt werden.

VIII. Berechnung der Blechdicken von gewölbten Böden gegenüber äußerem Überdrucke.

1. Bezeichnet

r   den äußeren Halbmesser der mittleren Wölbung in mm,

s   die Stärke des Bodens in mm,

p_0 die Flüssigkeitspressung in atm., bei welcher die Einbeulung zu erwarten steht, so kann die durch

$$k_0 = \frac{1}{200}\,p_0\,\frac{r}{s} \qquad . \quad . \quad . \quad . \quad . \quad 16)\,[37]$$

bestimmte Einbeulungsdruckspannung k_0 in kg/qmm aus der Gleichung

$$k_0 = A - B\sqrt{\frac{r}{s}} \qquad . \quad . \quad . \quad . \quad . \quad 17)\,[37]$$

ermittelt werden, worin:

r den inneren Halbmesser in der Mitte der Wölbung in mm,
k die zulässige Belastung in kg/qmm,

so ist

$$s = \frac{p\,r}{200\,k} \quad \text{oder} \quad p = \frac{200\,s\,k}{r} \quad . \quad . \quad . \quad 12)\,[36]$$

2. Unter der Voraussetzung, daß der Krempungshalbmesser ausreichend groß gewählt wird, damit ein allmählicher Übergang von dem zylindrischen Teile am Umfange des Bodens in den gewölbten mittleren Teil stattfindet, darf k gewählt werden

bis zu 5 kg/qmm für Schweißeisen,
„ „ 6,5 „ „ Flußeisen,
„ „ 4 „ „ Kupfer, sofern die Dampftemperatur
200⁰ C nicht überschreitet.

für kugelförmige, stark gehämmerte Kupferböden, welche aus dem Ganzen bestehen,

$$A = 25,5 \qquad\qquad B = 1,2$$

für geglühte Flußeisenböden, welche aus dem Ganzen bestehen,

$$A = 26 \qquad\qquad B = 1,15$$

für Flußeisenböden, welche aus einzelnen Segmenten mit Überlappungsnietung hergestellt sind,

$$A = 24,5 \qquad\qquad B = 1,15$$

zu setzen ist.

2. Als zulässige Materialanstrengungen können gemäß der Gleichung

$$k = \frac{1}{200}\, p\, \frac{r}{s},$$

worin p den größten Betriebsüberdruck in atm. bezeichnet, r und s die oben bezeichnete Bedeutung haben, für k nachstehende Werte als zulässig erachtet werden:

gegenüber Druck

für gehämmertes Kupfer bis 4 kg/qmm, sofern die Temperatur 200° C nicht überschreitet,

für geglühtes Flußeisen bis 6,5 kg/qmm,

gegenüber Einbeulung

bis 0,4 k_0 für beide Materialien

unter Bestimmung von k_0 aus Gleichung 17.

3. In bezug auf die Form der Böden gilt die Voraussetzung, daß der Krempungshalbmesser eine solche Größe besitzt, wie erforderlich ist, damit der Übergang von dem zylindrischen Teile am Umfange des Bodens in den gewölbten mittleren Teil ausreichend allmählich stattfindet.

IX. Schrauben und Verschraubungen.

1. Es ist zu unterscheiden zwischen Schrauben, welche für bearbeitete und solchen, welche für unbearbeitete Flächen zur Verwendung kommen.

2. Bezeichnet

P den Gesamtdruck auf die gedrückte Fläche in kg,

P_1 den auf einen Schraubenkern entfallenden Teil des Gesamtdrucks P in kg,

k die Beanspruchung des Schraubenkerns in kg/qmm

d den Durchmesser des Schraubenkerns in mm,

so ist

$$k = 1{,}27\frac{P_1}{d^2} \qquad\qquad\qquad 18)$$

und ferner, gleichviel, ob die Schrauben aus Schweißeisen oder aus Flußeisen hergestellt sind,

     a) bei guten Schrauben, guter Bearbeitung der Flächen und weichem Dichtungsmaterial

$$d = 0{,}45\sqrt{P_1} + 5 \qquad\qquad\qquad 19)$$

     b) wenn den unter a genannten Anforderungen weniger vollkommen entsprochen ist,

$$d = 0{,}55\sqrt{P_1} + 5 \qquad\qquad\qquad 20)$$

3. Wird der Nachweis geliefert, daß das Schraubenmaterial den in den Materialvorschriften für Landdampfkessel für das Nieteisen aufgestellten Anforderungen genügt, so kann der Koeffizient in Gleichung 19 bis auf 0,4 vermindert werden.

4. Die Gleichungen 19 und 20 liefern bei ihrer Anwendung auf das Whitworthsche System:

Äußerer		Kern-	Zulässige Belastung der Schraube [38]		
Durchmesser der Schraube			Koeffizient	Koeffizient	Koeffizient
engl.″	mm	mm	0,4	0,45	0,55
$^1/_2$	12,70	9,98	155 kg	122,5 kg	82 kg
$^5/_8$	15,88	12,93	393 ,,	310 ,,	208 ,,
$^3/_4$	19,05	15,80	729 ,,	576 ,,	386 ,,
$^7/_8$	21,23	18,62	1 159 ,,	916 ,,	613 ,,
1	25,40	21,34	1 669 ,,	1 318 ,,	883 ,,
$1^1/_8$	28,57	23,93	2 440 ,,	1 770 ,,	1 185 ,,
$1^1/_4$	31,75	27,10	3 053 ,,	2 412 ,,	1 614 ,,
$1^3/_8$	34,92	29,51	3 755 ,,	2 967 ,,	1 986 ,,
$1^1/_2$	38,10	32,69	4 792 ,,	3 786 ,,	2 535 ,,
$1^5/_8$	41,27	34,77	5 539 ,,	4 377 ,,	2 930 ,,
$1^3/_4$	44,45	37,95	6 785 ,,	5 361 ,,	3 589 ,,
$1^7/_8$	47,62	40,41	7 837 ,,	6 192 ,,	4 145 ,,
2	50,80	43,59	9 308 ,,	7 355 ,,	4 922 ,,
$2^1/_4$	57,15	49,02	12 111 ,,	9 569 ,,	6 406 ,,
$2^1/_2$	63,50	55,37	15 857 ,,	12 528 ,,	8 387 ,,
$2^3/_4$	69,85	60,55	19 286 ,,	15 237 ,,	10 201 ,,
3	76,20	66,90	23 947 ,,	18 923 ,,	12 667 ,,

5. Schrauben aus Flußeisen sollen kein scharfes, sondern möglichst abgerundetes Gewinde erhalten.

6. Schrauben aus Stahl, welcher härtbar ist, sind nicht zulässig.

7. Bei der Berechnung der Flanschenschrauben, sofern deren mehrere in unter sich gleichen Abständen zur Befestigung rechteckiger oder elliptischer Flächen verwendet werden, wie dies in vorstehenden Figuren veranschaulicht ist, kann man annehmen, daß, wenn

Fig. 19.   Fig. 20.

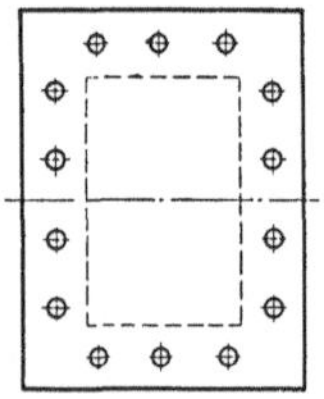

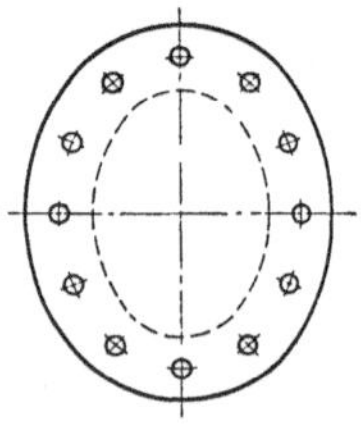

r den geringsten Abstand der Schrauben vom Schwerpunkte der gedrückten, rechteckigen oder elliptischen Fläche in mm,

e die Schraubenteilung in mm

bezeichnet, die am stärksten belastete Schraube den Druck zu übertragen hat:

$$P_1 = \frac{P\,e}{2\,\pi\,r} \quad \ldots \ldots \ldots \quad 21)^{39)}$$

8. Wenn Biegungsspannungen von Erheblichkeit zu befürchten sind, wie namentlich bei unbearbeiteten Flächen, Durchbiegen der Flanschen, einseitig liegenden Dichtungen usw., ist ihnen bei der Bemessung der Schrauben besonders Rechnung zu tragen.

9. Die Flanschen sind so stark zu machen, daß sie der Biegungsbeanspruchung sowie auch dem Durchbiegen sicher widerstehen können.

10. Schwächere Schrauben als solche von 16 mm äußerem Durchmesser sind tunlichst zu vermeiden; Schrauben unter 13 mm äußerem Durchmesser sind nicht zulässig.

X. Anker und Stehbolzen.

1. Die Beanspruchung soll

bei geschweißten Ankern und Stehbolzen aus
Schweißeisen . . . . 3,5 kg/mm

bei ungeschweißten Ankern und Stehbolzen aus
Schweißeisen 5   „

VII. Anker und Stehbolzen. [40])

1. Die Beanspruchung soll

bei geschweißten Ankern und Stehbolzen aus
Schweißeisen . . . . 3,5 kg/mm

bei ungeschweißten Ankern und Stehbolzen aus
Schweißeisen . . . . 5　　,,

bei ungeschweißten Ankern und Stehbolzen aus
Flußeisen . . . . 6 kg/qmm
bei Ankern und Stehbolzen aus Kupfer für
Dampftemperaturen bis 200° C 4   ,,
nicht überschreiten.

2. Es empfiehlt sich, die mit Muttern versehenen Längsanker mit Gewinde in die Stirnplatten oder Rohrplatten einzuschrauben, außerdem nicht nur außen, sondern auch innen mit Unterlegscheiben und mit Muttern zu versehen. Die Ankerröhren sind mit Gewinde einzuziehen und aufzuwalzen.

3. Die Länge der Eckanker soll so groß wie irgend möglich sein.

4. Es empfiehlt sich, in Dampfkesseln mit Flammrohren diejenigen Niete, welche die Eckanker mit der Stirnplatte verbinden, mindestens 200 mm vom Flammrohrumfang abstehen zu lassen.

5. Der Querschnitt der Eckanker soll im Verhältnis ihrer Neigung zur Kesselachse größer werden als derjenige der Längsanker.

6. Die zur Befestigung der Eckanker dienenden Bolzen und Niete sind den wirkenden Kräften entsprechend reichlich zu bemessen.

7. Werden ebene Stirnwände durch Aufnieten von I-Trägern und dergleichen versteift, so sollen diese ihre Belastung möglichst unmittelbar auf den Kesselmantel übertragen.

8. Bei der Versteifung feuerberührter ebener Flächen durch Stehbolzen sollte der Stehbolzenabstand im allgemeinen nicht größer als 200 mm sein.

XI. Bügel- oder Deckenträger für Feuerbüchsdecken.

1. Die freitragenden, nicht aufgehängten Träger sind wie ein Balken zu berechnen, der auf die Entfernung l (vergleiche Fig. 21) frei aufliegt und an den Stützstellen der Decke durch die Kräfte belastet wird, welche sich für die auf ihn entfallenden Deckenfelder (vergleiche Fig. 23) ergeben.

2. Dabei ist die Tragfähigkeit des Deckenblechs an sich außer Betracht gelassen. Die Abmessung c_1 bestimmt die Erstreckung desjenigen Teiles der Decke, welcher nach dem Rande zu seine Belastung auf den Randträger absetzt, im Durchschnitt c_1 etwa $= \frac{2}{3}\,x$.

bei ungeschweißten Ankern und Stehbolzen aus
Flußeisen . . . . 6 kg/qmm
bei Ankern und Stehbolzen aus Kupfer für
Dampftemperaturen bis 200^n C . . . . . 4 „
nicht überschreiten.

2. Es empfiehlt sich, die mit Muttern versehenen Längsanker
mit Gewinde in die Stirnplatten oder Rohrplatten einzuschrauben,
außerdem nicht nur außen, sondern auch innen mit Unterlegscheiben und mit Muttern zu versehen. Die Ankerröhren sind mit
Gewinde einzuziehen und aufzuwalzen.

3. Die Länge der Eckanker soll so groß wie irgend möglich sein.

4. Es empfiehlt sich, in Dampfkesseln mit Flammrohren
diejenigen Nieten, welche die Eckanker mit der Stirnplatte verbinden, mindestens 200 mm vom Flammrohrumfang abstehen
zu lassen.

5. Der Querschnitt der Eckanker soll im Verhältnis ihrer
Neigung zur Kesselachse größer werden als derjenige der Längsanker.

6. Die zur Befestigung der Eckanker dienenden Bolzen
und Niete sind den wirkenden Kräften entsprechend reichlich
zu bemessen.

7. Werden ebene Stirnwände durch Aufnieten von I-Trägern
und dergleichen versteift, so sollen diese ihre Belastung möglichst
unmittelbar auf den Kesselmantel übertragen.

8. Bei der Versteifung feuerberührter ebener Flächen durch
Stehbolzen sollte der Stehbolzenabstand im allgemeinen nicht
größer als 200 mm sein.

VIII. Deckenträger der Feuerkammer.

1. Die Träger für die flachen Feuerkammerdecken werden,
wenn sie aus Flußeisen bestehen, nach der folgenden Formel
bestimmt:

$$b = \frac{p \cdot c \cdot e \cdot l}{K \cdot h^2} \quad \ldots \ldots \quad 13)$$

worin

    b die Gesamtdicke des Trägers in mm,
    p den größten Betriebsüberdruck in atm.,
    c die Entfernung der Träger von einander in mm,
    e die Entfernung der Stehbolzen voneinander im Träger
       in mm,

3. Unter den in Fig. 21 bis 23 angenommenen Verhältnissen ergibt sich mit p als größtem Betriebsüberdrucke bei den 2 Randträgern:

Fig. 21.

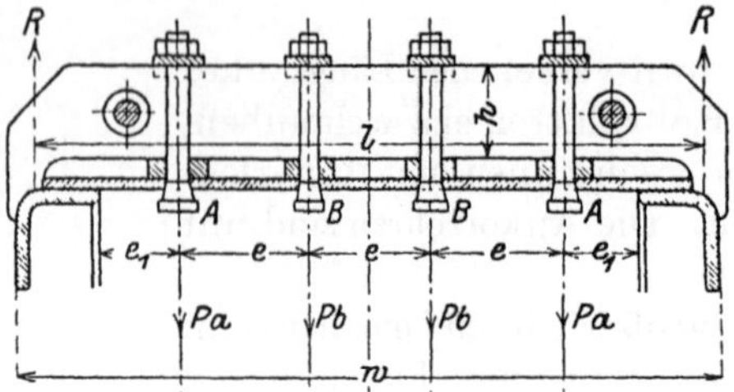

Fig. 22.

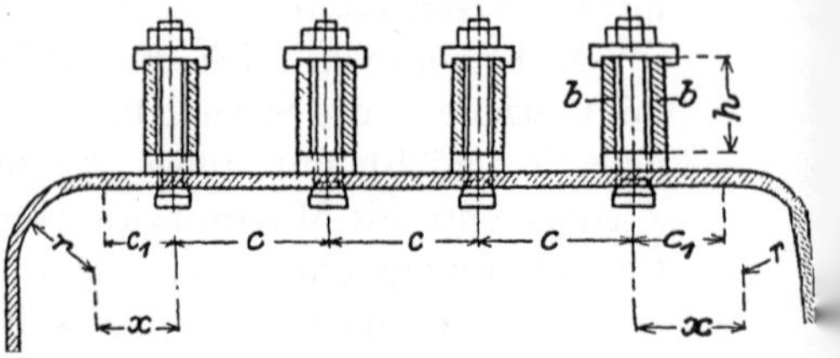

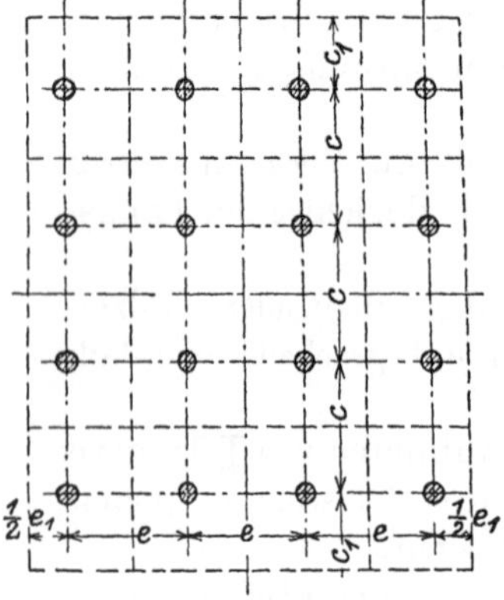

für die die Stellen A belastende Kraft

$$P_a = \left(c_1 + \frac{c}{2}\right)\left(\frac{c_1}{2} + \frac{e}{2}\right)p\,,$$

für die die Stellen B belastende Kraft

$$P_b = \left(c_1 + \frac{c}{2}\right)e\,p;$$

bei den 2 Mittelträgern:

für die die Stellen A belastende Kraft

$$P_a = c\left(\frac{e_1}{2} + \frac{c}{2}\right)p\,,$$

für die die Stellen B belastende Kraft

$$P_b = c\,.\,e\,p,$$

die Auflagerkraft an den Trägerenden: $R = P_a + P_b\,,$

Fig. 23.

das größte biegende Moment im Querschnitt bei B und in den Querschnitten zwischen B B

$$M_b = R\left(\frac{l}{2} - \frac{e}{2}\right) - P_a \cdot e$$

und somit in

$$M_b \leqq \frac{\Theta}{e'}\,k_b \quad . \quad . \quad , \quad . \quad . \quad . \quad 22)\,[41]$$

die Gleichung zur Berechnung des Trägerquerschnitts, worin bedeutet:

     Θ dessen Trägheitsmoment,

     e' den Abstand der am stärksten beanspruchten Faser von der Nullachse; für rechteckigen Querschnitt, wie in Figur 22 angenommen, ist

l die innere Weite der Feuerkammer, in der Längsrichtung der Träger gemessen, in mm,

h die Höhe des Trägers in mm,

K = 480 bei einem Stehbolzen in jedem Träger,
   = 360 ,, zwei   ,,   ,,   ,,
   = 240 ,, drei   ,,   ,,   ,,
   = 200 ,, vier   ,,   ,,   ,,
   = 160 ,, fünf   ,,   ,,   ,,
   = 140 ,, sechs   ,,   ,,   ,,

bedeuten.

Die Stehbolzen werden hierbei als über die ganze Länge l gleichmäßig verteilt angenommen.

Die Randträger sind möglichst nahe dem Krümmungsmittelpunkte des Randes anzuordnen.

Werden die Deckenträger aus Schweißeisen hergestellt, so sind die nach obiger Formel berechneten Blechdicken b um 10 Prozent zu vergrößern.

Die Träger sind mit ihren Enden auf die vertikalen Wandungen der Feuerkammer aufzupassen und müssen etwa 40 mm über der Decke frei liegen.

2. Werden die Deckenträger aufgehängt, so sind sie den veränderten Belastungsverhältnissen entsprechend zu berechnen.

$$\frac{\Theta}{e'} = \frac{1}{6}\, 2\, b \cdot h^2 = \frac{1}{3}\, b\, h^2;$$

k_b die zulässige Biegungsanstrengung des Trägermaterials, welche für zähes Material (Schweißeisen, Flußeisen, Flußstahl, Stahlguß) zu ¼ der Zugfestigkeit in Rechnung gestellt werden darf. Falls ein Nachweis der Zugfestigkeit nicht vorliegt, kann für die genannten Materialien k_b = 9 kg/qmm eingeführt werden.

4. Werden die Deckenträger aufgehängt, so sind sie den veränderten Belastungsverhältnissen entsprechend zu berechnen.

XII. Mannlöcher und sonstige Ausschnitte.

1. Im allgemeinen sollen die ovalen Mannlöcher mindestens 300×400 mm weit sein; hiervon ist nur dann abzuweichen, wenn die Anbringung derart bemessener Mannlöcher mit Schwierigkeiten verknüpft ist. Die geringste zulässige Weite ist in diesem Ausnahmefalle 280×380 mm.

2. Die in den Dampfdom führenden Öffnungen sind stets so zu bemessen, daß das Innere des Domes, sowie dessen Decken- und Randkrempen der Untersuchung zugänglich bleiben.

3. Verschlußdeckel oder Mannlocheinfassungen (Rahmen) dürfen nicht aus Gußeisen oder Temperguß hergestellt werden [42]. Sie müssen so gestaltet sein, daß die Packung nicht herausgedrückt werden kann.

4. Es empfiehlt sich, die Schraubenbolzen der Mannlochdeckel bei Kesseln für hohe Dampfspannung mit Gewinde einzusetzen und zu vernieten.

5. Die Ränder der Mannloch- und der sonstigen Ausschnitte sind stets dann wirksam zu versteifen, wenn durch das Einschneiden der Löcher eine unzulässige Verschwächung des Bleches gegenüber dem beabsichtigten Drucke eintritt oder wenn zu befürchten steht, daß das Blech durch das Anziehen der Bügel und dergleichen durchgespannt wird [43].

IX. Mannlöcher und sonstige Ausschnitte.

1. Im allgemeinen sollen die ovalen Mannlöcher mindestens 300×400 mm weit sein; hiervon ist nur dann abzuweichen, wenn die Anbringung derart bemessener Mannlöcher mit Schwierigkeiten verknüpft ist. Die geringste zulässige Weite ist in diesem Ausnahmefalle 280×380 mm.

2. Die in den Dampfdom führenden Öffnungen sind stets so zu bemessen, daß das Innere des Domes sowie dessen Decken- und Randkrempen der Untersuchung zugänglich bleiben.

3. Verschlußdeckel oder Mannlocheinfassungen (Rahmen) dürfen nicht aus Gußeisen oder Temperguß hergestellt werden [42]. Sie müssen so gestaltet sein, daß die Packung nicht herausgedrückt werden kann.

4. Es empfiehlt sich, die Schraubenbolzen der Mannlochdeckel bei Kesseln für hohe Dampfspannung mit Gewinde einzusetzen und zu vernieten.

5. Die Ränder der Mannloch- und der sonstigen Ausschnitte sind stets dann wirksam zu versteifen, wenn durch das Einschneiden der Löcher eine unzulässige Verschwächung des Bleches gegenüber dem beabsichtigten Drucke eintritt oder wenn zu befürchten steht, daß das Blech durch das Anziehen der Bügel und dergleichen durchgespannt wird [43].

X. Allgemeines.

Kesselarbeit kann nur dann als beste angesehen und die Sicherheitskoeffizienten für die Festigkeit der Mantelbleche können nur dann nach Abschnitt III gewählt werden, wenn den folgenden Anforderungen entsprochen ist:

XIII. Schlußbemerkung.

Ist es gegebenenfalls nicht möglich, auf dem Wege der Rechnung die Widerstandsfähigkeit eines Kessels oder einzelner Teile desselben festzustellen, so ist der Weg des Versuchs zu beschreiten.

Die Druckprobe wird in solchen Fällen zur Festigkeitsprobe und ist dann mit dem zweifachen Betrage des beabsichtigten Betriebsüberdrucks auszuführen [44].

a) Das Zurichten und Bearbeiten des Materials, wie Biegen und Bördeln der Bleche, das Bohren der Löcher usw. ist mit möglichster Vorsicht und in sachgemäßer Weise auszuführen. Nicht genau übereinander liegende Nietlöcher sind durch Aufreiben nachzuarbeiten. Die Vernietung sowohl wie das Abstemmen der Nähte ist möglichst sorgfältig vorzunehmen.

b) Bleche mit eingerissenen Kanten sowie fehlerhafte Niete sind zu entfernen und durch fehlerfreie zu ersetzen.

c) Alle Nähte sind, wenn möglich, von innen und außen zu verstemmen.

d) Die Mantelbleche von zylindrischen Kesseln müssen mit der Längsfaser gebogen sein. Die Laschen müssen von Blechen gleicher Qualität wie die der Mantelbleche geschnitten sein und ihre Längsfaser soll mit derjenigen der letzteren gleichlaufen.

XI. Schlußbemerkung.

Ist es gegebenenfalls nicht möglich, auf dem Wege der Rechnung die Widerstandsfähigkeit eines Kessels oder einzelner Teile desselben festzustellen, so ist der Weg des Versuchs zu beschreiten.

Die Druckprobe wird in solchen Fällen zur Festigkeitsprobe und ist dann mit dem zweifachen Betrage des beabsichtigten Betriebsüberdrucks auszuführen [44].

Anmerkungen.

1. (Zu S. 16.)

In der Sitzung der Deutschen Dampfkessel-Normenkommission vom 29. Oktober 1910 ist beschlossen worden (19 gegen 12 Stimmen), daß an allen Stellen der Materialvorschriften für Landdampfkessel, welche bis dahin den Wortlaut hatten: Bleche, „deren Widerstandsfähigkeit mit mehr als 36 kg/qmm in die Rechnung eingestellt werden soll", zu setzen ist: „welche eine höhere Zugfestigkeit als 41 kg/qmm besitzen". Der Bundesrat hat diesem Beschluß zugestimmt (Reichsgesetzblatt 1912, Nr. 13).

2. (Zu S. 16 und 38.)

Vgl. Anmerkung 1.

Durch die vorstehenden sowie einige spätere Bestimmungen für Landdampfkessel wird den Blechen mit geringerer Zugfestigkeit als 41 kg/qmm gegenüber dem Material von höherer Zugfestigkeit eine Sonderstellung eingeräumt.

Um eine Beurteilung der Verhältnisse zu ermöglichen, sei folgendes ausgeführt.

Bei den Verhandlungen, welche dem Erlaß der neuen Vorschriften vorausgingen, wurde seitens der Blechwalzwerke dahin gestrebt, daß für Dampfkessel in der Regel nur eine Blechqualität, und zwar Blech von etwa 3400 bis 4100 kg/qmm Zugfestigkeit, verwendet werden sollte. Die Vertreter des Schiffskesselbaues erklärten, hierauf unter keinen Umständen eingehen zu können, einmal wegen der internationalen Beziehungen und sodann, weil sie auf Grund ihrer Erfahrungen nicht anzuerkennen vermöchten, daß Bleche von höherer Zugfestigkeit weniger betriebssicher sein sollen. Um den Blechwalzwerken für Landdampfkessel entgegenzukommen, wurde seitens des Vertreters der K. Preußischen Regierung, Herrn Geh. Oberregierungsrat Jäger, vorgeschlagen, für Landdampfkessel die 3 Blechsorten zu unterscheiden, wie sie oben festgesetzt sind. Dieser Vorschlag fand schließlich Annahme. Hierzu ist folgendes zu bemerken.

Bei den Beratungen der Sachverständigenkonferenz für die einheitliche Regelung des Dampfkesselwesens in Deutschland vom 10. bis 12. Dezember 1906 im Reichsamt des Innern hat der Vertreter der Königl. preußischen Regierung, Herr Geheimer Oberregierungsrat Jäger, in bezug auf die Festsetzung, daß für Landdampfkessel bis auf weiteres nur drei Blechsorten zur Verwendung gelangen sollten — diese sind unter „Dritter Teil A. IV, S. 38" angeführt —, die Erklärung abgegeben, daß für diese Festlegung das Interesse der Blechwalzwerke maßgebend gewesen ist, deren Vertreter sich, falls diese Bestimmung nicht angenommen werden würde, nicht weiter an den Beratungen beteiligt haben würden. Herr Geheimer Oberregierungsrat Jäger hat ferner festgestellt, daß die Vertreter der Blechwalzwerke diesen Standpunkt anerkennen und sich für gebunden erachten, wenn es notwendig werden sollte, auch andere Blechqualitäten als die bezeichneten herzustellen. In unmittelbarem Anschluß daran hat Herr Baudirektor Professor Dr.-Ing. C. v. Bach als Vertreter der Königl. württembergischen Regierung die Erklärung abgegeben, daß es in den Verhandlungen als zulässig anerkannt worden ist, Bleche mit mehr als 51 kg/qmm Festigkeit für Landdampfkessel zu verwenden, daß aber die Benutzung solchen Bleches aus dem von Herrn Jäger angegebenen Grunde der Rücksichtnahme auf die Blechwalzwerke nur auf dem Wege der Entbindung durch die Zentralbehörden der Bundesstaaten gestattet werden soll[1]).

Auch bei den späteren Verhandlungen in der deutschen Dampfkessel-Normen-Kommission[2]) haben die Vertreter der Blecherzeuger den Standpunkt vertreten, daß das Material von höherer

---

[1]) Die Zentralbehörden werden hiernach bei solchen Entbindungsanträgen (§ 20, Ziff. 2 der Allgemeinen polizeilichen Bestimmungen über die Anlegung von Landdampfkesseln vom 17. Dezember 1908) zu berücksichtigen haben, daß es sich bei Festsetzung der drei Blecharten und bei Beschränkung auf 51 kg/qmm weniger um technische, als um wirtschaftliche Gründe gehandelt hat.

[2]) Diese ist zur Sachverständigenkommission des Bundesrates in den die Material- und Bauvorschriften angehenden Fragen bestellt, gemäß § 2 der „allgemeinen polizeilichen Bestimmungen über die Anlegung von Landdampfkesseln und von Schiffsdampfkesseln" vom 17. Dezember 1908. Sie besteht außer den mit beratender Stimme teilnehmenden Regierungsvertretern aus 33 Mitgliedern — Centralverband der Preußischen Dampfkesselüberwachungsvereine (7), Verein deutscher Ingenieure (4), Verein deutscher Eisenhüttenleute (4), Verein deutscher Maschinenbauanstalten (3), Verband deutscher Dampfkesselüberwachungsvereine (2), Schiffbautechnische Gesellschaft (1), Technische Hochschulen (1), Versuchs- und Materialprüfungsanstalten (2), Verein deutscher Schiffswerften, Seeschiffs-

Festigkeit als 4100 kg/qmm gefährlich sei, weil es bei der Verarbeitung leichter notleide, als die Bleche von geringerer Zugfestigkeit. Auch wurde angegeben, daß hinreichende Erfahrungen mit Blechen der höheren Festigkeit nicht vorliegen.

Beides wird wohl bei genauer Betrachtung nicht als zutreffend aufrecht erhalten werden können.

Einzelne Hüttenwerke haben seit einer langen Reihe von Jahren große Mengen von Material höherer Festigkeit geliefert. Obwohl anzunehmen ist, daß die Vorsicht bei der Verarbeitung keine außergewöhnlich große war, sind Unfälle oder auch nur Unzuträglichkeiten in größerem Umfange nicht bekannt geworden.

Der Vertreter eines der größten deutschen Werke hat ferner geradezu ausgesprochen, „daß die Zukunft die Anwendung eines Materials bringen wird, das in der Festigkeit noch bedeutend höher stehen wird, als dasjenige, das wir heute verwenden resp. verwenden wollen." Dies würde wohl von solcher Seite kaum ausgesprochen worden sein, wenn bisher weniger günstige Erfahrungen mit dem Material von höherer Zugfestigkeit vorlägen.

In Übereinstimmung hiermit haben bedeutende Reedereien, die bei ihren Schiffsdampfkesseln auch für feuerberührte Teile Bleche von höherer Festigkeit verwenden, mit solchem Material durchaus gute Erfahrungen gemacht. Sie ziehen dasselbe den Blechen von geringerer Zugfestigkeit vor, u. a. deshalb, weil die Konstruktionsteile schwächer gehalten werden können und größere Elastizität besitzen.

Aus den Ergebnissen der zahlreichen Untersuchungen, welche in der Materialprüfungsanstalt Stuttgart und an anderen Stellen mit Unfallblechen (d. h. Blechen, die im Betriebe oder schon bei der Herstellung der Kessel Risse erhalten haben) ausgeführt worden sind[1]), geht ferner deutlich hervor, daß die

---

werften (1), Flußschiffwerften (1), Verein Hamburger Reeder (1), Centralverband deutscher Industrieller (2), Germanischer Lloyd (1), Verein der Fabrikanten landwirtschaftlicher Maschinen und Geräte (1), Verein deutscher Eisen- und Stahlindustrieller (1).

[1]) Ausführlicher Bericht über neue Versuche mit Zusammenstellung der Ergebnisse der Untersuchung von über 50 solcher Unfallbleche wird in den Mitteilungen über Forschungsarbeiten, herausgegeben vom Verein deutscher Ingenieure, erscheinen. Ein Auszug, 20 Bleche behandelnd, wird in der Zeitschrift dieses Vereines 1912 veröffentlicht werden. Vgl. auch die Darlegungen des Verfassers in derselben Zeitschrift 1907, S. 1982 u. f.

meisten Anstände bei den Blechen mit geringer Zugfestigkeit vorkommen. Ein sehr großer Teil der Bleche, welche zu Unfällen geführt haben, besaß Zugfestigkeiten, die der unteren zulässigen Grenze, das sind 3400 kg/qcm, nahelagen[1]). Nur sehr wenige der zur Untersuchung eingelieferten Bleche — zu denen auch eine Reihe von Schiffskesselblechen gehören[2]) — besaßen Zugfestigkeiten von über 4100 kg/qcm. (Vgl. die Ausführungen von C. Bach in der Zeitschrift des Vereines deutscher Ingenieure 1912, S. 360: Eine bedenkliche Eigentümlichkeit unserer Material- und Bauvorschriften für Landdampfkessel).

Aus allen gemachten Feststellungen geht hervor, daß es sachlich richtiger wäre, die Bauvorschriften für Landdampfkessel mit denjenigen für Schiffsdampfkessel in völlige Übereinstimmung zu bringen. Diese enthalten unter X, S. 89 Festsetzungen über die Bearbeitung, welche, wie dort vorgesehen, für alle Flußeisenbleche unbedingt eingehalten werden sollten, während solche bei den heutigen Vorschriften für Landdampfkessel nur für die Bleche mit Zugfestigkeiten über 4100 kg/qcm bestehen (S. 52 III, Ziff. 4). Infolgedessen können die Bleche geringerer Festigkeit, wenn sie rücksichtsloser behandelt werden, was die Vorschriften zulassen, zu Unfällen Veranlassung geben. (Vgl. auch Anmerkung 20.)

Als Sachverständige für Materialprüfung gelten außer den in Betracht kommenden Ingenieuren der jeweils zugelassenen Dampfkesselüberwachungsvereine (bzw. Gewerbeinspektionen, tech-

---

[1]) Hiermit steht die Erfahrung im Einklang, daß Bleche mit so geringer Zugfestigkeit nicht zuverlässig sind (nicht wegen der geringen Festigkeit, sondern wegen ihrer sonstigen Eigenschaften, was im Hinblick auf die Herstellungsweise verständlich erscheint). Vgl. hierüber z. B. S. 171 des Protokolls der 34. Delegierten- und Ingenieurversammlung des Internationalen Verbandes der Dampfkessel-Überwachungsvereine zu Amsterdam 1905.

[2]) Von 9 Unfallblechen aus Schiffskesseln besaßen 3 Zugfestigkeiten über 4100 kg/qmm, ein Zeichen dafür, daß auch bei den Schiffskesseln, zu denen in großem Umfang Material von höherer Festigkeit verwendet wird, die Bleche mit geringer Zugfestigkeit häufiger Risse erhalten. Der wiederholt gemachte Einwand, Material höherer Festigkeit werde wenig verwendet und führe deshalb selten zur Beanstandung, wird hierdurch widerlegt.

nischen Kommissionen usw.) die Ingenieure: in Bayern des
Materialprüfungsamtes der bayerischen Landesgewerbeanstalt in
Nürnberg und des Mech. Techn. Laboratorium der K. Techn. Hochschule München; in Sachsen Ing. Dr. L. Kruft in Leipzig-Stötteritz;
in Württemberg der Materialprüfungsanstalt der K. Techn. Hochschule Stuttgart; in Mecklenburg-Schwerin: Ing. Steinbeck
zu Rostock; in Lübeck: Baurat Krebs, Bauinspektor Stude-
mund, Reg.-Baum. Orth. Für ausländisches Material ist
meist Lloyds Register of British and Foreign Shipping zuständig.
Für mehrere Stellen ist Ing. H. J. H. Wilson in Newcastle-on-
Tyne genannt, für Hamburg auch Ing. A. Craig in Glasgow,
für Oldenburg das Bureau Veritas. Bei Schiffsdampfkesseln ist
häufig der Germanische Lloyd angeführt.

3.

Dieser Bestimmung liegt die Auffassung zugrunde, daß
sich bei der Herstellung der Wellrohre usw. Materialfehler von
selbst zeigen, ungeeignete Bleche also zur Ausscheidung gelangen. Daß die Annahme nicht mit der erforderlichen Zuverlässigkeit zutrifft, geht aus den Ergebnissen der Untersuchung
von Unfallblechen hervor, die in der Materialprüfungsanstalt
Stuttgart vorgenommen worden sind (rund 10 Prozent derselben
gehören Wellrohren an). Vgl. hierzu die Zusammenstellung an
den in Fußbemerkung 1 S. 92 genannten Stellen.

Hierher gehören ferner folgende Beschlüsse der deutschen
Dampfkessel-Normenkommission vom 29. Oktober 1910:

„Für Wellrohre und ähnliche Feuerrohre sind bei Landdampfkesseln Festigkeitsprüfungen nicht erforderlich“. (S. 21
des Sitzungsberichtes.)

„Gepreßte Mannlochverstärkungen für Landdampfkessel
sowie Mannlochdeckel und -Bügel für Land- und Schiffsdampfkessel bedürfen in der Regel keiner Abnahme“. (S. 25 des Sitzungsberichts.)

4.

Die Sachverständigen sind oben unter 2 angeführt.

Hinsichtlich der Auslegung vgl. den folgenden Erlaß
des Königl. preußischen Ministers für Gewerbe und Handel vom
20. Januar 1911, der wohl die allgemein zutreffende Auffassung
zum Ausdruck bringt:

„Es ist zu meiner Kenntnis gelangt, daß die Bestimmungen

des ersten Teils, Abschnitt I, der Materialvorschriften für Landdampfkessel (Anlage I der allgemeinen polizeilichen Bestimmungen für Landdampfkessel vom 17. Dezember 1908) teilweise eine irrtümliche Auslegung gefunden haben. Im letzten Satz des Abschnitts I a. a. O. sind die Werksbescheinigungen auf Grund von Chargenproben den im Einzelfalle vom Besteller gewünschten Sachverständigenprüfungen gegenübergestellt. Wird hiernach die Betonung auf Werks- und Sachverständigenbescheinigungen gelegt, so ist die Auslegung, welche die Stelle hier und da gefunden hat, unmöglich, daß die „nachstehenden Bestimmungen" nur für Sachverständigenbescheinigungen Geltung hätten, daß es also bei Chargenprüfungen dem Belieben des Werkes überlassen sei, welche Anzahl und Art von Proben anzustellen seien. Zahl und Art der Chargenproben sind vielmehr für Schweißeisen im zweiten Teile der Materialvorschriften unter A II, für Flußeisen im dritten Teile unter A II vorgeschrieben, und ersuche ich hiernach genau zu verfahren. Ein Werk kann allerdings nicht daran gehindert werden, nachdem eine den vorstehenden Bestimmungen entsprechende Zahl von Blechen aus einer Charge geprüft worden ist, deren Ergebnisse in mehreren Werksbescheinigungen über Chargenproben zu benutzen. Ich würde es jedoch für unerwünscht halten, wenn sich dieses Verfahren einbürgerte, und ersuche, auf die Werke einzuwirken, daß sie auch bei Werksbescheinigungen auf Grund von Chargenproben möglichst 50 % der zu jeder Lieferung gehörigen Bleche für sich den Zerreiß- und übrigen Proben unterwerfen.

Soweit versehentlich bei abgeschlossenen Blechlieferungen die Chargenproben in geringerem Umfang ausgeführt sind, ermächtige ich Sie, sich hiermit einverstanden zu erklären."

5.

Hierunter werden Probestäbe mit sichtbaren Mängeln zu verstehen sein. Im übrigen ist Ziff. 15 S. 22 zu beachten.

6.

Dasselbe hat wohl sinngemäß von den Rändern des mit dem Schneidbrenner erzeugten Schnittes zu gelten. Über die Einwirkung dieses Schnittes auf die Materialeigenschaften vgl. Heft 83/84 der Mitteilungen über Forschungsarbeiten, herausgegeben vom Verein deutscher Ingenieure, S. 52 u. f.

7.

In solchen Fällen kann die Bruchdehnung, welche sich bei der Meßlänge $l = 11,3 \sqrt{f}$ ergeben würde, unter Verwendung der Näherungsgleichung

$$\varphi = A + \frac{B}{\sqrt{l}}$$

berechnet werden. A und B sind Erfahrungswerte, die durch Ausmessen von φ auf 2 Meßlängen l_1 und l_2 ermittelt werden können. Ist z. B. die prozentuale Dehnung φ_{100} auf 100 mm und φ_{200} auf 200 mm Meßlänge gefunden worden, so bestehen die Gleichungen

$$\varphi_{100} = A + \frac{B}{\sqrt{100}}$$

$$\varphi_{200} = A + \frac{B}{\sqrt{200}};$$

hieraus

$$B = \frac{\varphi_{100} - \varphi_{200}}{0,02929} = 34,15\,(\varphi_{100} - \varphi_{200})$$

sowie

$$A = \varphi_{100} - \frac{\varphi_{100} - \varphi_{200}}{0,2929} = \varphi_{100} - 3,415\,(\varphi_{100} - \varphi_{200}).$$

Hiermit

$$\varphi_{11,3\sqrt{f}} = A + \frac{B}{\sqrt{11,3\sqrt{f}}}\ \text{Prozent.}$$

Weiteres vgl. C. Bach, Mitteilungen über Forschungsarbeiten, herausgegeben vom Verein deutscher Ingenieure, Heft 29, oder auch „Elastizität und Festigkeit", 6. Auflage 1911, S. 115.

8.

Diese Bestimmungen sollen für das unbearbeitete Blech gelten. (Beschluß der deutschen Dampfkessel-Normenkommission vom 29. Oktober 1910, S. 23 des Sitzungsberichts.)

9.

Diese Bestimmungen sollen sich auf das fertig geschnittene Blech beziehen (vgl. die unter 8 angegebene Stelle).

10.

Je nach Art der beobachteten Fehlstellen wird deren Vorhandensein mehr oder minder zu bewerten und gegebenenfalls nach Ziff. 15 S. 22 zu verfahren sein. Es empfiehlt sich auch — namentlich bei großen und dicken Blechen — darauf zu achten, ob das in Ziff. 16 vorgeschriebene Ausglühen sachgemäß und gleichförmig erfolgt.

11.

Hierdurch wird dem Umstande Rechnung getragen, daß die Bruchdehnung sich aus 2 Teilen zusammensetzt: einem annähernd gleichförmig über die ganze Meßlänge verteilten Betrage und der örtlichen Dehnung an der Bruchstelle (welche sich einschnürt). In den meisten Fällen können die Stäbe, die im äußeren Teil der Meßlänge brechen, beibehalten werden, wenn bei der Ausmessung des ursprünglich in 20 gleiche Teile eingeteilten Stabes die auf dem kürzeren Stück fehlenden Teile von dem längeren übertragen werden. Vgl. z. B. C. Bach, Elastizität und Festigkeit, 6. Aufl. 1911, S. 115 u. f. Voraussetzung für die Anwendbarkeit des Verfahrens ist, wie erwähnt, daß die Meßlänge nicht nur durch 2 Körnermarken begrenzt, sondern außerdem mit einer Teilung versehen ist. Diese kann mittels eines mit Einschnitten versehenen Maßstabes und der Reißnadel oder auch auf einer Teilmaschine eingeritzt werden.

12.

Es empfiehlt sich, vor Beginn des Versuchs dafür zu sorgen, daß die bezeichnete Einstellung auch tatsächlich erfolgt. Sonst treten Biegungsbeanspruchungen auf.

Bei Beurteilung der Ergebnisse ist ferner (namentlich im Zweifelsfall und wenn die Ergebnisse an der Grenze des Zulässigen liegen) zu beachten, daß die Zerreißgeschwindigkeit Einfluß übt. Vgl. hierüber z. B. C. Bach, Elastizität und Festigkeit 1911, S. 146 u. f.

13.

„Die Frage, ob der hintere Boden eines Flammrohrkessels im zweiten und nicht im ersten Zuge liegt, läßt sich nicht allgemein beantworten. Bei den gewöhnlichen Cornwallkesseln liegt der hintere Boden im zweiten Zuge." (Beschluß der deutschen Dampfkessel-Normenkommission vom 29. Oktober 1910, S. 24 des Sitzungsberichtes.)

14.

Auch aus diesen Vorschriften geht die Absicht hervor, die Verwendung von Blechen mit höherer Zugfestigkeit als 4100 kg/qcm einzuschränken.

Die Angabe von Grenzwerten, die um je 7 kg/qmm auseinanderliegen, trägt dem Umstande Rechnung, daß bei Blechtafeln — namentlich bei solchen von bedeutender Größe — wesentliche Unterschiede der Festigkeitseigenschaften vorkommen. Auch sonst wurde ein Spielraum der angegebenen Größe von den Eisenhüttenleuten als notwendig bezeichnet (vgl. auch Ziff. 4 der Vorschriften S. 38).

15.

Vgl. bei den Materialvorschriften für Schiffsdampfkessel die vorhandenen Zusätze unter Ziff. 2 und 3 und die damit verknüpfte weitergehende Freiheit in der Verwendung des Materials von höherer Zugfestigkeit.

Siehe auch die Erklärung, die in Anmerkung 13 enthalten ist.

16.

Unter Gütezahl wird die Summe der Werte von Zugfestigkeit und Bruchdehnung verstanden. Bei einer Zugfestigkeit von 34 kg/qmm wird also z. B. mindestens $62-34 = 28$ Prozent Dehnung verlangt.

17.

In neuerer Zeit findet zur Ausbesserung eingetretener Schäden (Risse, Abrostungen usw.) häufig die autogene Schweißung (Azetylen-Sauerstoff-, Wasserstoff-Sauerstoff-Gasgebläse usw. oder elektrischer Strom dienen als Wärmequelle) Anwendung. Die Ergebnisse ausgedehnter Versuche, die in der Materialprüfungsanstalt Stuttgart ausgeführt worden sind, haben den Internationalen Verband der Dampfkessel-Überwachungsvereine auf Antrag von Bach veranlaßt, den folgenden Beschluß zu fassen und ihn in den Jahren 1908, 1909 sowie 1911 jeweils auf Grund neuer Versuche aufrecht zu erhalten. Über die Versuche vergleiche Heft 83/84 der Mitteilungen über Forschungsarbeiten, herausgegeben vom Verein deutscher Ingenieure, die Protokolle der Delegierten- und Ingenieurversammlungen des genannten Verbandes sowie die Zeitschrift des Vereines deutscher Ingenieure 1910, S. 831. Der erwähnte Beschluß lautet:

„Bei dem heutigen Stand empfiehlt es sich, in bezug auf die Herstellung und die Ausbesserung von Dampfkesseln und Dampfgefäßen durch autogene Schweißung die größte Vorsicht walten und solche Arbeiten nur zuverlässig arbeitende Firmen unter Überwachung des in Betracht kommenden Revisionsvereins ausführen zu lassen. Dabei ist namentlich dem Umstande Beachtung zu schenken, daß durch die mit dem Schweißen verbundene örtliche Erhitzung der Ränder und durch die Zusammenziehung des flüssig gewesenen Füllmaterials (ohne nachfolgendes Ausglühen des Stückes) im Flußeisen Spannungen in Wirksamkeit treten können, die mehr oder minder schwere Unfälle herbeizuführen imstande sind.

Nähte, die durch wirkende äußere Kräfte oder infolge von Temperaturschwankungen auf Zug oder Biegung stark beansprucht werden, sollen nur dann geschweißt und ihnen diese Kraftübertragung zugemutet werden dürfen, wenn das geschweißte Stück nach dem Schweißen ausgeglüht wird."

18.

Vgl. die Unterschiede gegenüber den Vorschriften für Schiffsdampfkessel.

19.

Vgl. das im Vorwort, S. 12 Ausgeführte sowie Anmerkung 1 und 2. Vgl. auch Ziff. 9, S. 54 mit Ziff. 8, S. 55,

20.

In der unter 22 erwähnten Sitzung ist beschlossen worden, den Zusatz einzuführen: „wenn die Kanten gehobelt werden. Drehen, Fräsen und Meißeln — letzteres jedoch nur, wenn es unbedingt notwendig ist — sollen dem Hobeln gleichwertig angesehen werden." Bei den Bauvorschriften für Schiffsdampfkessel sind derartige Vorschriften, ohne soweit ins einzelne zu gehen, für alle Blecharten gemeinsam unter X, S. 89 enthalten. Vgl. das in dieser Hinsicht in Anmerkung 2 auf S. 93 sowie im Vorwort S. 12 u. f. Bemerkte.

21.

Diese Vorschrift fehlt bei den Bauvorschriften für Schiffsdampfkessel. Über die Vor- und Nachteile der Maschinennietung gegenüber der Handnietung vgl. C. Bach, Die Maschinenelemente,

10. Aufl. 1908, S. 188 u. f. sowie Zeitschrift des Vereines deutscher Ingenieure 1892, S. 1141 u. f., 1894, S. 1231 u. f. 1895, S. 301 u. f. 1910, S. 362. Dort ist darauf hingewiesen, daß gute Erfolge nur erzielt werden, wenn der Schließdruck solange aufrecht erhalten bleibt, bis die Niete hinreichend erkaltet und damit widerstandsfähig geworden ist. An der zuletzt genannten Stelle findet sich hervorgehoben, daß die Verwendung zu hohen Nietdruckes zur Ausbildung innerer Spannungen von erheblicher Größe im Blech führen kann, wodurch dem Entstehen von Nietlochrissen Vorschub geleistet wird.

Beispiele für Anwendung zu hohen Nietdruckes sind vom Verfasser wiederholt untersucht worden. In dem stärksten Fall war der Nietkopf etwa 2 mm in das Blech eingepreßt und das letztere verbogen. Risse pflegen hierbei von der Berührungsfläche der beiden vernieteten Tafeln auszugehen.

22.

„Bei der Berechnung der Wanddicke nahtlos gewalzter Mantelschüsse kann x = 4 und z = 1 gesetzt werden.“ (Beschluß der deutschen Dampfkessel-Normenkommission vom 29. Oktober 1910; S. 22 des Sitzungsberichts.) Reichsgesetzblatt 1912, Nr. 13.

23.

Die Formel für Landdampfkessel rührt von Bach her (vgl. z. B. dessen Maschinenelemente von der I. Auflage 1889 an; 1908, 10. Aufl. S. 237 u. f.; an dieser Stelle sind auch eingehende Erörterungen dieser Gleichung sowie Besprechung anderer Formeln enthalten. Zu beachten sind ferner die Darlegungen über das Zusammenarbeiten der Flammrohre mit den Böden der Kessel, S. 263 u. f. der zuletzt angegebenen Quelle: Die Ausdehnungen und Verbiegungen infolge der Erwärmung müssen durch nachgiebige Teile federnd aufgenommen werden. Dieser Grundsatz hat allgemeine Geltung. Er kann dazu führen, daß Konstruktionsteile, welche im Betriebe Risse erhielten, innerhalb der zulässigen Grenzen schwächer auszuführen sind, um ihre Federung zu erhöhen, d. i. die der gegebenen Formänderung entsprechende Beanspruchung zu vermindern. (Vgl. den vorletzten Absatz auf S. 92.) Formeln für die Berechnung der Längselastizität derjenigen Flammrohrarten, welche der Messung und Prüfung unterzogen worden sind, rühren vom Verfasser her; vgl. Zeitschrift des Vereines deutscher Ingenieure 1910, S. 1675 u. f. Ausreichender Elastizität kommt unter sonst gleichen Umständen um so größere Bedeutung zu, je länger die Flammrohre sind.

Über die Gleichung 2 für Schiffsdampfkessel vgl. das unten Bemerkte.

Setzen wir in Gleichung 2 für Landdampfkessel zunächst $a = 0$, so kommt die Beziehung

$$s = p \, \frac{d}{2400} \cdot 2 + 2 \text{ mm.}$$

Das erste Glied derselben berücksichtigt die im Rohrmaterial auftretende Druckbeanspruchung. (Ein vom Rohr abgeschnittener Ringstreifen der Länge 1 erfährt längs des Durchmessers die Belastung p. d.; diese Kraft ist aufzunehmen durch den Querschnitt 2 . s; somit beträgt die Beanspruchung p d : 2 s. Wird eine solche in der Höhe von 6 kg/qmm d. s. 600 kg/qcm zugelassen, so ergibt sich s = p . d : 1200).

Das zweite Glied der Gl. 2 unter der Wurzel trägt dem Umstande Rechnung, daß infolge der Unterstützung, welche das Rohr an beiden Enden erfährt, seine Widerstandsfähigkeit um so größer sein muß, je kürzer es ist — ganz abgesehen davon, daß kürzere Rohre leichter in vollkommen kreiszylindrischer Form hergestellt werden können. Andererseits darf von einer gewissen Länge ab die Widerstandsfähigkeit (soweit sie durch die Länge beeinflußt wird) nicht bedeutend weiter abnehmen: Ein unendlich langes Rohr kann nicht durch beliebig kleine Pressungen zusammengedrückt werden. Für $l = \infty$ erlangt das betrachtete Glied den

Wert $\dfrac{a}{p} \, \dfrac{l}{l + 0} = \dfrac{a}{p}$. Im Gegensatz hierzu liefert Gl. 2 der Bauvorschriften für Schiffsdampfkessel den Wert „unendlich". Diese Formel war bereits von Fairbairn (1858) vorgeschlagen worden.

Die Zuverlässigkeit der Gl. 2 ist an Hand von Versuchen (Kaltwasserdruckprobe) geprüft worden, die auf der Kaiserl. Werft in Danzig von 1887 bis 1892 ausgeführt wurden. Zur Untersuchung gelangten Flammrohre von 33 bis 198 cm Länge, rd. 100 cm Durchmesser und 0,7 bis 1,3 cm Blechstärke. Bericht hierüber sowie Erörterung aller Einzelheiten findet sich in C. Bach, Abhandlungen und Berichte, 1897, S. 207 u. f. sowie in Heft 2 der „Versuche über die Widerstandsfähigkeit von Kesselwandungen“, Berlin, Julius Springer. Erprobung der Gl. 2 durch Bewährung praktischer Ausführungen hat, soweit bekannt, bis zu Durchmessern von rd. 2 m stattgefunden.

Die angeführten Werte von a setzen gute Ausführung voraus. Sie berücksichtigen durch ihre Größe das Maß der Vollkommenheit, mit der die Einhaltung der Kreisform bei den verschiedenen Ausführungsarten durchschnittlich zu erwarten ist[1]); sie tragen auch den Einflüssen des durchschnittlichen Betriebes Rechnung. Wäre das Rohr ein nahtloser, vollkommen homogener, mathematisch genau hergestellter Kreiszylinder und würde die Beanspruchung ausschließlich von dem äußeren Überdruck herrühren — in der Tat sind Querkräfte, infolge des Auftriebs, des Eigengewichts und der Erwärmung vorhanden, die Biegungsbeanspruchung erzeugen sowie Längskräfte, die mehr oder minder ungleichförmig über den Umfang verteilt zu sein pflegen; auch die vom Einnieten herrührenden Spannungen nehmen Einfluß, ganz abgesehen von der Rückwirkung der Böden usw. — so könnte a = 0 gesetzt werden. (Vgl. die Unterschiede in der zugelassenen Größe von a je nach der Lage des Flammrohrs und der Art seiner Herstellung.)

Bei den oben erwähnten Danziger Versuchen ergab sich (im kalten Zustande) gegenüber der Gleichung 2 eine $\frac{5}{6} \cdot 6{,}08$ bis $\frac{5}{6} \cdot 8{,}35 = 5{,}06$ bis $6{,}96$ im Mittel $5{,}77$ mal größere Einbeulungspressung. Im Betriebe gesellen sich zu dem äußeren Überdruck die oben erwähnten Wirkungen und der Einfluß der höheren Temperatur auf die Festigkeitseigenschaften des Materials (Flammrohr, Kesselböden, Kesselmantel usw.).

Für Wellrohre (Foxrohre) ergaben sich bei der Einbeulung Druckbeanspruchungen etwa gleich der Quetschgrenze des Materials, wenn in Gl. 2 $l = 0$ gesetzt und die zusätzliche Konstante entfernt wird.

Bei dem untersuchten gerippten Rohr (Purvesrohr von John Brown & Co. in Sheffield) war diese Beanspruchung etwas geringer.

---

[1]) Die Gleichungen 2 und 2a der Bauvorschriften für Schiffsdampfkessel berücksichtigen diese Verhältnisse nicht.

In bezug auf die Wertschätzung der einzelnen Versteifungskonstruktionen sowie hinsichtlich der Rohrprofile, welche in Richtung der Rohrachse nachgiebig sein sollen, darf auf „Die Maschinenelemente“ von C. Bach verwiesen werden.

Über die Größe der örtlichen Abweichungen von der Kreisform, welche sich im Betriebe einstellen können, geben die Mitteilungen von Bach in der Zeitschrift des Vereines deutscher Ingenieure 1910, S. 1018 Auskunft.

Solche Aus- oder Einbeulungen pflegen sich auszubilden, wenn der Wärmeübergang zwischen Kesselwand und Kesselwasser durch reichlichere Ablagerung von Teer, Öl, Kesselstein usw. (insbesondere auch Dampfblasen — Wasserrohrkessel) in erheblichem Maße gehindert ist, naturgemäß um so leichter, je höher die Beanspruchung des betroffenen Kesselteils ausfällt und je stärkere Verdampfung an der fraglichen Stelle stattfindet. Diese Anschauung ist erstmals von Bach dargelegt worden. Vgl. Zeitschrift des Vereins deutscher Ingenieure 1887, S. 458 und S. 526, vgl. auch S. 351; 1894, S. 909. Vgl. auch die Darlegungen über die Bedeutung, welche den Hieben zukommt, wie sie beim Abklopfen des Kesselsteins entstehen können, in der Zeitschrift des Vereines deutscher Ingenieure 1911, S. 1296 u. f. Die Zähigkeit der Bleche kann durch solche Narben sehr bedeutende Einbuße erleiden.

24.

Vgl. den fünftletzten und viertletzten Absatz der Anmerkung 23. Wird von dem zusätzlichen Glied $+ 2$ abgesehen, so läßt Gl. 3 auf eine zugelassene Druckbeanspruchung von 6 kg/qmm (600 kg/qcm) schließen.

25.

Die wesentlichsten Klarstellungen auf dem Gebiete der Berechnung rechteckiger Platten und der Ermittelung der Inanspruchnahme ebener Wandungsteile beliebiger Gestalt und Befestigung im letzten Vierteljahrhundert rühren sämtlich von Bach her. Die dabei angewendete Methode läuft darauf hinaus, die schwierigen Aufgaben, die auf andere Weise nicht zu lösen sind, auf einfache Biegungsaufgaben zurückzuführen unter Schaffung und Verwendung von Berichtigungskoeffizienten, welche aus Versuchen zu bestimmen sind. Die Methode ist keine wissenschaftlich strenge; sie liefert aber, da sie sich in der bezeichneten Weise auf Versuche stützt, ausreichend zuverlässige Ergebnisse für die ausführende Technik. Die Aufstellung der Rechnungsweise geschah in der Annahme, daß auf diese Weise den Interessen nicht bloß der Industrie sondern der gesamten Technik wie auch denjenigen der Allgemeinheit, die ein Anrecht auf Sicherheit hat — auch dann, wenn es der Wissenschaft noch nicht gelungen ist, eine genaue Berechnung der hier zur Erörterung stehenden Anstrengung des Materials zu liefern — am meisten genützt werde, wenigstens solange, bis es gelingt, Vollkommeneres ausfindig zu machen. (Vgl. Elastizität und Festigkeit, § 64.)

Die ersten Darlegungen finden sich in dem Buch C. Bach, Versuche über die Widerstandsfähigkeit ebener Platten, Berlin 1890 S. auch Zeitschrift des Vereins deutscher Ingenieure 1890, S. 1041 u. f. Weitere Arbeiten sind in dem Werk „Abhandlungen und Berichte, Berlin 1897, ferner in der eben genannten Zeitschrift enthalten (vgl. insbesondere 1893, S. 489 u. f., 1897, S. 1157 u. f., 1899, S. 1585 u. f., 1899, S. 321 u. f., 1906, S. 1940 u. f., 1908, S. 1781 u. f.) sowie in den „Versuchen über die Widerstandsfähigkeit von Kesselwandungen, Heft 1 bis 7 (Berlin, Julius Springer) und in den vom Verein deutscher Ingenieure herausgegebenen „Mitteilungen über Forschungsarbeiten“. Eine Übersicht über den Stand der Frage enthält „Elastizität und Festigkeit“ im 7. Abschnitt (6. Aufl. 1911, S. 535 bis 586). Hier müssen sich die Ausführungen auf das Folgende beschränken.

Überlegung und Versuch führen zu der Erkenntnis, daß der Bruch erfolgt:

bei kreisförmigen Platten längs eines Durchmessers oder mehrerer Halbmesser,

„ elliptischen   „   „   der größeren Achse,

„ quadratischen   „   „   einer Diagonale,

„ rechteckigen   „   „   einer Linie, welche nahe der Plattenmitte parallel zur langen Seite, später mehr in Richtung der Diagonale verläuft, so daß für nicht zu langgestreckte Rechtecke die Diagonale als Bruchlinie angenommen werden darf.

Zur Erhöhung der Anschaulichkeit sind in Fig. 24 bis 28 einige der in „Elastizität und Festigkeit“, § 64 enthaltenen Abbildungen geprüfter Platten wiedergegeben.

Zur Berechnung der Widerstandsfähigkeit hat Bach zwei verschiedene Näherungswege eingeschlagen, welche im Folgenden

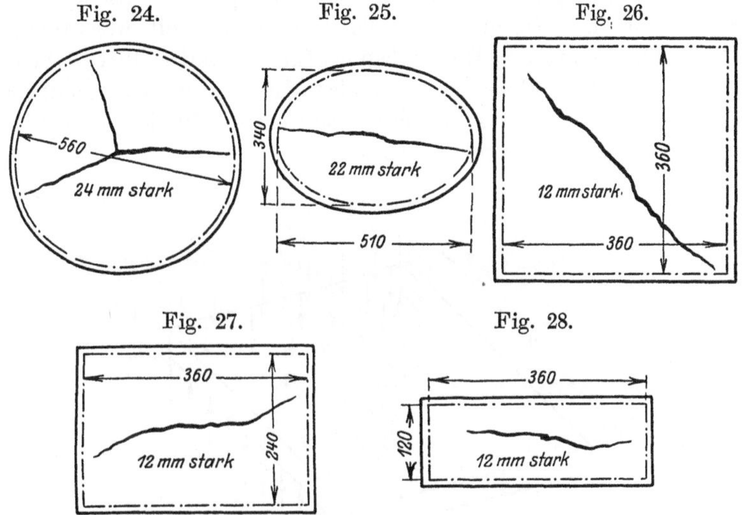

getrennt besprochen werden sollen. Je nach Lage des Falles gewährt das eine oder andere weitergehenden Einblick in die Beanspruchungsverhältnisse oder leichtere Verfolgung derselben.

a) „Balkenmethode".

Bei diesem Verfahren wird die ganze Platte als ein auf Biegung beanspruchter Balken angesehen. Da der Bruch längs einer als bekannt zu betrachtenden Linie — Durchmesser, Diagonale — erfolgt, und in bezug auf dieselbe Übereinstimmung der Belastung von zwei Seiten her herrscht, so darf mit Annäherung angenommen werden, daß der Balken längs der Bruchlinie eingespannt ist. Für eine quadratische Platte z. B. ergibt sich dann die durch Fig. 29 gekennzeichnete Sachlage. Dabei wird stillschweigend und vorübergehend angenommen, die Platte bleibe im Einspannungsquerschnitt eben — tatsächlich wird sie sich wölben — und die Auflager seien auf die ganze Länge gleichförmig belastet — hierüber s. später.

Die überstehende halbe Platte von der Fläche $a^2 : 2$ ist belastet durch die Kraft $p\,a^2 : 2$ kg, herrührend von dem Flüssig-

keitsdruck p kg/qcm (bei dieser Ableitung sei es gestattet, anzunehmen, daß die Abmessungen der Platte in cm gemessen werden;
würden mm eingeführt, so wäre die Kraft p · a² : 200 kg; der
Faktor 100 im Nenner stört die Anschaulichkeit wesentlich).
Die Auflagerkraft am Rande beträgt für die halbe Platte ebenfalls p a² : 2 kg.　Wie sie auch über die Seiten des Quadrats
verteilt sein möge, stets wird ihre Resultierende für jede Quadrat-
seite durch die Seitenmitte gehen.

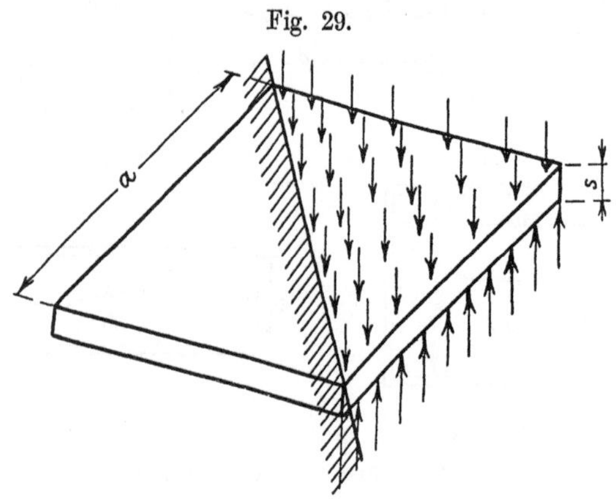

Fig. 29.

In bezug auf den Einspannquerschnitt beträgt somit das
biegende Moment herrührend vom Flüssigkeitsdruck (Abstand
des Druckmittelpunktes von der Diagonale gleich einem Drittel
der Höhe des überstehenden Dreiecks, d. i. der halben Diagonale):

$$\frac{p\,a^2}{2} \cdot \left(\frac{a}{2}\,\sqrt{2}\right) \cdot \frac{1}{3}\,\text{kg} \cdot \text{cm},$$

das biegende Moment herrührend vom Widerlagerdruck (Hebelarm gleich der Hälfte der Dreieckshöhe):

$$\frac{p\,a^2}{2} \cdot \left(\frac{a}{2}\,\sqrt{2}\right) \cdot \frac{1}{2}\,\text{kg} \cdot \text{cm};$$

da beide in entgegengesetztem Sinne tätig sind, so erfolgt Beanspruchung durch das biegende Moment

$$M_b = \frac{p\,a^2}{2}\,\frac{a}{2}\,\sqrt{2}\left(\frac{1}{2} - \frac{1}{3}\right) = \frac{p\,a^3\,\sqrt{2}}{24}\,\text{kg} \cdot \text{cm}.$$

Diesem Moment leistet Widerstand

1. Der Einspannungsquerschnitt, dessen Widerstandsmoment beträgt $\frac{1}{6} s^2 \cdot a \sqrt{2}$.

2. Die Befestigung am Rande der Platte; um ihr Rechnung zu tragen, wird an Stelle von M_b nur der Wert μM_b eingeführt, wo μ eine Zahl ist, die aus Versuchen unter denselben Verhältnissen ermittelt werden muß, unter denen die Platte im Betriebe stehen soll.

Damit ergibt sich als Biegungsbeanspruchung der Platte

$$k_b = \mu \frac{\dfrac{p\, a^3 \sqrt{2}}{24}}{\dfrac{1}{6} s^2 \cdot a \cdot \sqrt{2}} = \mu\, p\, \frac{a^2}{4\, s^2}\ \text{kg/qcm}.$$

Bisher wurde angenommen, das Material des betrachteten Diagonalschnittes werde an allen Stellen gleich stark und nur in einer Richtung — der des biegenden Moments — beansprucht. Da sich die Platte tatsächlich wölbt, kann dies jedoch nicht der Fall sein, sondern die Beanspruchung muß an den verschiedenen Stellen ungleiche Größe besitzen und zudem auch in der Querrichtung eintreten. Das Gesetz der Spannungsverteilung hängt u. a. ab:

1. von der Gestalt der Platte,
2. „　　„　Verteilung der Belastung,
3. „　　„　Verteilung des Auflagerdrucks,
4. „　　„　Befestigung, welche die Platte am Rande erfährt und welche fast ganz starr oder in weitgehendem Maße nachgiebig gebildet sein kann. Hierüber vergleiche das unter b) S. 113 Ausgeführte.

Auch diesen Umständen hat also der Koeffizient μ Rechnung zu tragen, er erhält somit zwei verschiedene Aufgaben, indem er

a) Befestigungskoeffizient ist, d. h. die Art der Stützung der Platte am Rande zum Ausdruck bringt; hierüber vergleiche die Darlegungen unter b) S. 113 u. f.;

b) einen Berichtigungskoeffizienten darstellt, welcher der Ungleichförmigkeit der Spannungsverteilung längs der Bruchlinie Rechnung trägt.

Über die Verteilung der Auflagerpressung bei freiem Aufliegen des Plattenrandes gibt Fig. 30 anschaulich Auskunft, welche

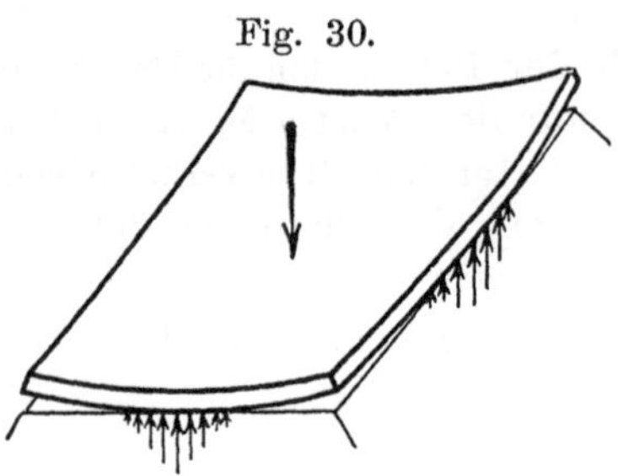

Fig. 30.

ebenfalls der „Elastizität und
Festigkeit“ entnommen ist und
eine rechteckige Platte bei Belastung durch eine Einzelkraft
in der Mitte darstellt[1]). Ganz
ähnlich gestalten sich die Verhältnisse bei Belastung durch
Flüssigkeitsdruck, in bezug worauf auf Taf. XX der 6. Aufl.
des genannten Werkes ver-
wiesen, auch weitere Klarstellung abgewartet werden muß. (Vgl.
auch die dort S. 563 u. f. enthaltenen Darlegungen über die
Verteilung des Auflagerdrucks bei elliptischen Platten.)

Als Beispiel für die Anwendung des Verfahrens sei nach
Vorgang von Bach (Abhandlungen und Berichte, S. 188 u. f.)
die Beanspruchung der durch Stehbolzen gestützten
Wandungsteile untersucht und aus den ermittelten Beziehungen
die Gl. 4 S. 60 abgeleitet[2]).

Die Stehbolzen seien zunächst in unter sich gleichen Abständen a angeordnet gedacht. Jeder Stehbolzen befindet sich
also in der Mitte eines quadratischen Feldes von der Größe a^2.
Dieses soll durch ihn gestützt werden. Um den Fall möglichst
einfach zu gestalten, werde der Zusammenhang der quadratischen Platte mit dem übrigen Blech vorübergehend gelöst.

Im Gegensatz zu der oben durchgeführten Rechnung ist im vorliegenden Fall der Rand der quadratischen Platte zunächst nicht
unterstützt, die Mitte der quadratischen Platte unterstützt gedacht.

Wie dort beträgt die Belastung p a^2 kg.

Wir denken uns (Fig. 31) die Platte längs einer Diagonale
eingespannt. Für die überstehende halbe Platte beträgt das
Moment, herrührend von der Belastung p a^2 : 2

$$M_b = \frac{p\,a^2}{2} \cdot \frac{1}{3}\frac{a}{2}\sqrt{2} = \frac{p\,a^3}{12}\sqrt{2}.$$

---

[1]) Erstmals veröffentlicht in der Zeitschrift des Vereines deutscher
Ingenieure 1890, S. 1140.

[2]) Vgl. dieselbe Zeitschrift 1894, S. 341.

Somit die in der Diagonale von der Länge $(a\sqrt{2} - d)$ auftretende Biegungsbeanspruchung k_b

$$k_b = \frac{\mu\,p\,a^3}{12}\sqrt{2} : \frac{1}{6}\,s^2\,(a\sqrt{2} - d) = \frac{\mu\,p}{2}\sqrt{2}\cdot\frac{a^3}{s^2\,(a\sqrt{2} - d)}$$

$$k_b = \frac{\mu\,p}{2}\,\frac{a^2}{s^2}\cdot\frac{1}{1 - 0{,}7\dfrac{d}{a}}\ \text{kg/qcm}.$$

Um den Zusammenhang, der am Umfang der Platte tatsächlich vorhanden ist, zu berücksichtigen, muß μ eine solche Größe erhalten, daß der Wert von k_b die auf Grund von Versuchen nach-

Fig. 31.

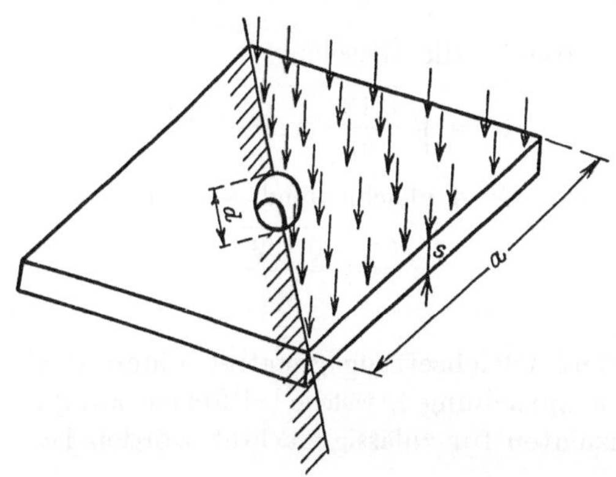

gewiesene Größe erlangt (vgl. auch S. 115). Solche Versuche sind von der Kaiserl. Werft in Danzig ausgeführt worden (vgl. die oben angegebene Quelle sowie Heft 2 der Versuche über die Widerstandsfähigkeit von Kesselwandungen). Bach gelangte auf Grund derselben zu dem Wert von

$$\mu = 0{,}555.$$

Demnach beträgt die auftretende maßgebende Beanspruchung

$$k_b = 0{,}278\,p\,\frac{a^2}{s^2}\,\frac{1}{1 - 0{,}7\dfrac{d}{a}}\ \text{kg/qcm}.$$

Hiernach wird

$$s = \sqrt{\frac{0{,}278\,p\,a^2}{k_b}\,\frac{1}{1 - 0{,}7\dfrac{d}{a}}}\ \text{cm}.$$

Aus dieser Beziehung kann die Formel 4 der Bauvorschriften wie folgt abgeleitet werden.

Vernachlässigen wir die Schwächung des Diagonalschnittes durch die Bohrung für den Stehbolzen, so wird einfacher

$$s = \sqrt{\frac{0{,}278\,p\,a^2}{k_b}}\,.$$

Ist der Abstand der Stehbolzen nicht jeweils gleich a, sondern betragen die Abstände, wie in den Bauvorschriften angenommen, a und b, so kann, sofern die Größe von a nicht viel abweicht von derjenigen von b, mit Annäherung gesetzt werden

$$a^2 = \frac{1}{2}\,(a^2 + b^2)\,.$$

Hiermit entsteht die Gleichung[1])

$$s = \sqrt{\frac{0{,}139}{k_b}\,p\,(a^2 + b^2)}\,.$$

Diese ist mit Gl. 4 gleichlautend, sofern

$$c = \sqrt{\frac{0{,}139}{k_b}}$$

gesetzt wird.

Die letztere Gleichsetzung gestattet einen Schluß auf die Größe der Beanspruchung[2]), welche bei Festsetzung der verschiedenen Koeffizienten für zulässig erachtet worden ist.

---

[1]) Die im Protokoll der 34. Delegierten- und Ingenieurversammlung des Internationalen Verbandes der Dampfkessel-Überwachungsvereine zu Amsterdam 1905, S. 97 gegebene Ableitung der Formel ist, wie aus der genaueren Betrachtung der Verhältnisse hervorgeht, unrichtig, worauf besonders hingewiesen sei, weil dort hervorgehoben wird, daß die Formel „auf richtigen theoretischen Voraussetzungen beruht", was, wie oben gezeigt, nur mit der erwähnten Annäherung zutrifft.

[2]) Allgemein ist zu beachten, daß die Beanspruchung durch Zugkräfte sich von der durch biegende Momente erzeugten unterscheidet. Im ersten Fall werden alle Fasern gleich stark, im zweiten dagegen die nach der Nullinie hin gelegenen Materialteile weit weniger herangezogen. Bei Biegungsbelastung kann daher die zugelassene Beanspruchung unter sonst gleichen Umständen höher gewählt werden, weil im Falle vorübergehender Überlastung das nach innen hin gelegene Material unterstützend einzugreifen vermag. (Vgl. C. Bach, Die Maschinenelemente, 10. Aufl., S. 58. oder das 31. Protokoll des oben unter [1]) genannten Verbandes. Zürich 1902, S. 30.)

Für den Wert $c = 0{,}015$ z. B. ergibt sich

$$0{,}015 = \sqrt{\frac{0{,}139}{k_b}}$$

und hieraus

$$k_b = \frac{0{,}139}{0{,}015^2} = \text{rd. } 620 \text{ kg/qcm}$$

Für $c = 0{,}017$ findet sich ebenso

$$k_b = \frac{0{,}139}{0{,}017^2} = \text{rd. } 480 \text{ kg/qcm.}$$

Die Erniedrigung der zugelassenen Materialbeanspruchung trägt dem Umstande Rechnung, daß bei $c = 0{,}017$ Berührung durch die Heizgase einerseits, durch das Wasser andererseits stattfinden darf, die Platte somit größerer Erwärmung[1]), Wärmeverschiedenheit und Wärmeschwankung ausgesetzt ist gegenüber dem Fall, für den $c = 0{,}015$ eingeführt werden soll (die Platte ist nicht von den Heizgasen berührt) Diesem Gesichtspunkt kommt je nach der Art und Gleichförmigkeit des Betriebes (unter Berücksichtigung der Beschaffenheit des Brennmaterials, des Speisewassers, der Zugstärke u. a. m.) verschiedene Bedeutung zu. Von Einfluß ist auch die Behandlung der Platten beim Einwalzen der Rohre usw.[2]).

Hinsichtlich des Grades der Verstärkung, der durch aufgenietete Verstärkungsplatten erzielt wird, muß auf die S. 108 erwähnten Arbeiten von Bach verwiesen werden.

Betrachten wir die im Vorstehenden gegebene Ableitung der Gl. 4, so erkennen wir, daß diese Gleichung ganz unzutreffende

---

[1]) Dem Umstande, daß in höheren Wärmegraden die Flußeisen-Bleche wesentlich anderes Verhalten zeigen, als bei gewöhnlicher Temperatur, und daß verschiedene Materialien weit von einander abweichende Beeinflussung erfahren, ist in den Materialvorschriften nicht ausdrücklich Rechnung getragen. Es wird sich empfehlen, diese Einflüsse voll zu beachten; die Temperaturen können höher ausfallen, als man zunächst anzunehmen geneigt sein wird. Eine Zusammenstellung vorliegender Versuchsergebnisse enthält die Arbeit des Verfassers: Die Festigkeitseigenschaften der Metalle in Wärme und Kälte, Stuttgart 1907.

[2]) Vgl. z. B. die Ergebnisse der Untersuchung von zwei Rohrwänden in der Arbeit des Verfassers: Zwanzig Kesselbleche mit Rißbildung, Zeitschrift des Vereines deutscher Ingenieure 1912, sowie Mitteilungen über Forschungsarbeiten.

Werte liefern kann, wenn a wesentlich von b abweicht. In dieser
Hinsicht sei auch auf die Darlegungen von Bach in der Zeitschrift
des Vereines deutscher Ingenieure 1906, S. 1940 u. f., insbesondere
Fußbemerkung 4, S. 1940 verwiesen.

Weitgehende Unsicherheit entsteht namentlich dann, wenn
Gl. 4 auf Fälle angewendet wird, für die sie ihrer Ableitung nach
nicht paßt. Gl. 4 gibt — mit der gekennzeichneten Annäherung —
für durch Stehbolzen versteifte Wände zutreffende Werte. Sie
darf also richtigerweise nicht für anders gestützte Platten verwendet werden, wie es in den Bauvorschriften für Schiffsdampfkessel V, 3 (S. 61) geschehen ist.

b) „Streifenmethode".

Bei der Darstellung dieses Verfahrens folgen wir am besten
dem von Bach in der Zeitschrift des Vereines deutscher Ingenieure
1906, S. 1940 u. f. angegebenen Wege.

Fig. 32 und 33 zeigen eine rechteckige Platte, welche auf ein
gußeisernes Gefäß aufgenietet ist. „Wir denken uns in Richtung
der kurzen Seite b der Platte und sodann auch in Richtung der langen
Seite a derselben je einen schmalen Streifen herausgeschnitten und
zu einem rechtwinkligen Streifenkreuz vereinigt, wie in Fig. 33
gestrichelt angegeben ist. Bei der Formänderung, welche die
ganze Platte unter der Flüssigkeitspressung erfährt, erleiden beide
Streifen, die wir als am Umfang der Platte befestigte Stäbe auffassen
wollen, in der Mitte die gleiche Durchbiegung. Da nun bei gleich
großer Durchbiegung der kürzere Streifen die größere Beanspruchung
erfährt, so ergibt sich sofort aus der Anschauung, daß die Inanspruchnahme des
kürzeren Streifens die maßgebende sein muß.

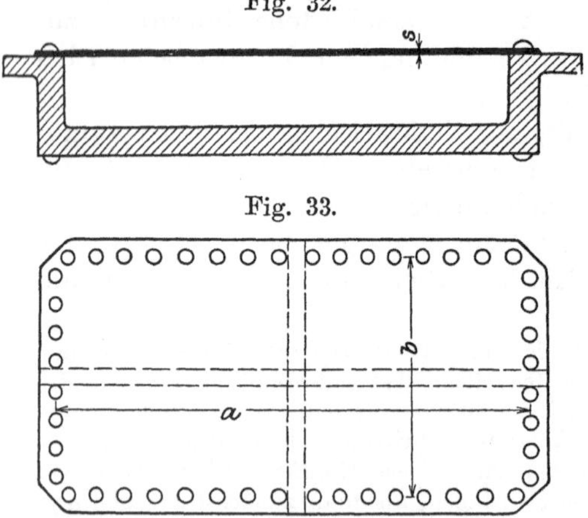

Fig. 32.

Fig. 33.

Wir greifen nun den kürzeren Streifen, den wir uns von der Breite gleich 1 cm und durch p atm belastet denken, heraus; dann ergibt sich für ihn das biegende Moment von ausschlaggebender Größe zu

$$M = m\,p\,b^2,$$

worin

m = $^1\!/_8$, wenn der Streifen (die Platte) an den beiden Enden (am Rande) frei aufliegt[1]),

m = $^1\!/_{12}$, wenn der Streifen (die Platte) an den beiden Enden (am Rande) fest eingespannt[1]),

m = $^1\!/_{16}$, wenn der Streifen (die Platte) an den beiden Enden (am Rande) unvollkommen eingespannt[1])

erscheint.

---

[1]) Bei vollkommen freier Auflage — die Stabenden werden nicht gehindert sich zu drehen — nimmt der Streifen die Formänderung an, wie in Fig. 34 übertrieben gezeichnet. Die größte Beanspruchung σ tritt bei A ein und ergibt sich aus der Beziehung

$$\frac{p\,l^2}{8} = \frac{1}{6}\,\sigma \cdot s^2.$$

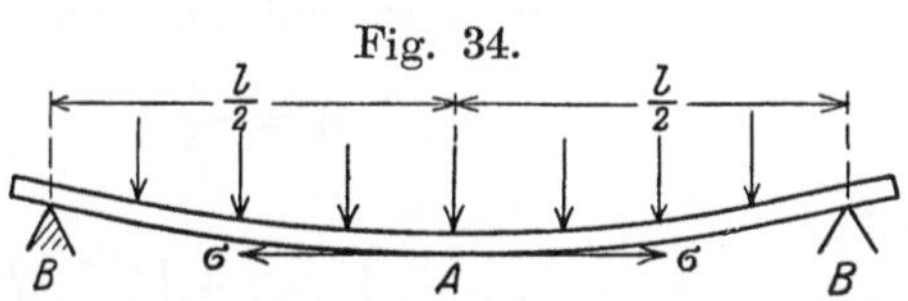

Fig. 34.

Ist der Stab an den Enden vollkommen eingespannt — die Stabenden sind gezwungen, ihre ursprüngliche Richtung beizubehalten — so stellt sich die Formänderung Fig. 35 ein. Die größte Beanspruchung tritt bekanntlich bei B auf, entsprechend

$$\frac{p\,l^2}{12} = \frac{1}{6}\,\sigma \cdot s^2.$$

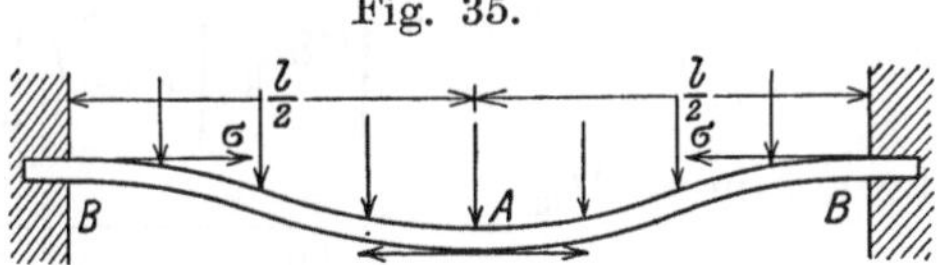

Fig. 35.

Bei A ist die Beanspruchung nur halb so groß wie bei B. Zwischen A und B besitzt die gebogene Stabmittellinie einen Wendepunkt (Abstand vom Stabende 0,2113 l, wo die Biegungsbeanspruchung gleich Null ist).

Bei unvollkommener Einspannung läßt sich erreichen, daß die Beanspruchung bei B und A, Fig. 35, gleiche Größe besitzt, derart, daß

$$\frac{p\,l^2}{16} = \frac{1}{6}\,\sigma \cdot s^2.$$

Die hierdurch bedingte größte Beanspruchung des Balkens ist die geringste, welche bei der Länge l und der Belastung p

Wäre der Streifen für sich allein vorhanden, so fände sich mit k_b als zulässiger Biegungsanstrengung des Materials

$$M = m\,p\,b^2 = \tfrac{1}{6}\,k_b\,s^2.$$

Nun wird aber der Streifen durch das sich seitlich anschließende Material in seiner Widerstandsfähigkeit unterstützt, und zwar um somehr, je weniger lang a ist. Diese Unterstützung der Widerstandsfähigkeit des Streifens kann dadurch zum Ausdruck gebracht werden, daß in der vorstehenden Gleichung statt k_b gesetzt wird

$$n\left[1 + \left(\frac{b}{a}\right)^2\right] k_z$$

worin k_z die für zulässig erachtete Anstrengung des Materials auf Zug bedeutet.

Hiermit ergibt sich

$$m\,p\,b^2 = \frac{1}{6}\,n\left[1 + \left(\frac{b}{a}\right)^2\right] k_z\,s^2;$$

hierin darf in abgerundeten Zahlen bis auf weiteres gesetzt werden

$$n = \frac{4}{3};$$

somit

$$m\,p\,b^2 = \frac{1}{6}\cdot k_z\cdot\frac{4}{3}\left[1 + \left(\frac{b}{a}\right)^2\right] s^2,$$

woraus mit $m = {}^1/_{12}$

$$s = b\sqrt{\frac{3}{8}\frac{k}{k_z\left[1 + \left(\frac{b}{a}\right)^2\right]}}$$

oder mit $m = {}^1/_{16}$

$$s = b\sqrt{\frac{9}{32}\frac{p}{k_z\left[1 + \left(\frac{b}{a}\right)^2\right]}}\text{"}\;.$$

---

erreicht werden kann. (Abstand des Wendepunktes vom Stabende nur noch 0,1465 *l*).

Die Beanspruchung ist also je nach der Befestigung im Verhältnis ${}^1/_8 : {}^1/_{16}$ d. i. 2 : 1 verschieden. Hierzu kommen die Einflüsse der Spannungen beim Vernieten, etwa vorhergegangenen Geraderichtens, verschieden *hoher* Erwärmung usw , so daß weitgehende Unsicherheit besteht.

Für die quadratische Platte findet sich:

$$s = a \sqrt{\frac{9}{4}\, m\, \frac{p}{k_z}}$$

mit $m = {}^1/_{12}$

$$k_z = \frac{3}{4} \cdot p\, \frac{a^2}{4\, s^2}$$

so daß in der unter a) S. 107 entwickelten Gleichung $\mu = \dfrac{3}{4}$,

mit $m = {}^1/_{16}$

$$k_z = \frac{9}{16}\, p\, \frac{a^2}{4\, s^2}\,,$$

so daß in der unter a) entwickelten Gleichung $\mu = \dfrac{9}{16} = 0{,}56$.
Hierzu vgl. S. 109, unten.

Elliptische Platte (große Achse a, kleine Achse b).

Mit

$$n = \frac{7}{4}$$

ergibt sich auf dem oben beschrittenen Wege

$$s = b\, \sqrt{\frac{24}{7}\, m\, \frac{p}{k_z\left[1 + \left(\dfrac{b}{a}\right)^2\right]}}$$

Kreisförmige Platte (Durchmesser d).

$$s = d\, \sqrt{\frac{12}{7}\, m\, \frac{p}{k_z}}\ .$$

„Wie aus dem Vorstehenden ersichtlich, ist das Verfahren dasselbe, gleichgültig, ob es sich um eine kreisförmige, elliptische oder rechteckige Platte handelt. Jederzeit kann die Berechnung aus dem Kopf erfolgen, wenn man die für den ersten Stab gültigen Sätze kennt und sich einige Zahlen merkt.

Bei der kreisförmigen Platte wird der nach einem Durchmesser herausgeschnittene Streifen von 1 cm Breite und der Länge gleich dem Durchmesser d als Stab betrachtet, gleichmäßig durch p belastet und für die zulässige Biegungsanstrengung nicht k_b, sondern, um die unterstützende Wirkung des an den Streifen seitlich anschließenden Materials zu berücksichtigen, der Wert

3,5 k_z in die Rechnung eingeführt, also beispielsweise bei vollkommener Einspannung

$$^1/_{12}\, p\, d^2 \;=\; ^1/_6\, s^2 \cdot 3{,}5\, k_z \;=\; ^7/_{12}\, k_z\, s^2$$

gesetzt[1]) ".

„Bei der quadratischen Platte wird der durch die Mitte laufende Streifen von der Seitenlänge a herausgeschnitten, hierauf in gleicher Weise verfahren und als zulässige Biegungsanstrengung $^8/_3\, k_b$ in Rechnung gestellt, d. i. bei vollkommener Einspannung

$$^1/_{12}\, p\, a^2 \;=\; ^1/_6\, s^2 \cdot ^8/_3\, k_b \;=\; ^4/_9\, k_z\, s^2."$$

„In der großen Mehrzahl der Fälle wird die Befestigung am Umfange der Platte eine solche sein, daß m zwischen $^1/_{12}$ und $^1/_{16}$ liegt[2]). Bei Entscheidung darüber, welcher Wert für m in die Rechnung einzuführen ist, wird der Konstrukteur die tatsächlichen Verhältnisse zu berücksichtigen in der Lage sein. Er wird dabei nicht selten zu der Erkenntnis gelangen, daß bei geringen Flüssigkeitspressungen die Platte am Rande als eingespannt anzusehen ist, während sie bei größeren Pressungen infolge eintretender Nachgiebigkeit sich dem Zustande nähert, für den $m = ^1/_{16}$ gesetzt werden kann. Er wird auch sonstigen Umständen Rechnung tragen können, wie z. B. den durch gutes Verstemmen wachgerufenen Kräften oder dem etwaigen Auftreten von Kräften, welche an der Befestigungsstelle nach auswärts wirken (etwa infolge besonderer Umstände bei der Befestigung oder veranlaßt durch die Formänderung der Wandungen, mit denen die Platte verbunden worden ist usw.)[3]) ".

---

[1]) Im Falle die Platte am Rande umgebogen ist oder in anderer Weise von der ebenen Form abweicht, wird die Beanspruchung in der Regel geringer, ein Umstand, dem durch Wahl eines entsprechend kleineren Koeffizienten Rechnung getragen werden kann (vgl. Anmerkung 33, sowie das unter a, S. 107 angegebene Verfahren, bei dem das Widerstandsmoment der Querschnittsflächen zur Geltung gelangt). Daß jedoch hieraus nicht geschlossen werden darf, es sei geradezu zu begrüßen, wenn — z. B. bei der Wasserdruckprobe — eine bleibende Ausbiegung erzielt werde, liegt auf der Hand. Eine solche Auffassung findet sich besprochen in C. Bach, Die Maschinenelemente, X. Aufl., S. 52, Fußbemerkung 2.

[2]) Vollkommen freies Aufliegen wird sich in der Regel schon mit Rücksicht auf die Abdichtung am Rande bei Kesselteilen nicht erreichen lassen.

[3]) Vgl. auch Anmerkung 37, Ziff. 1—6. Das dort Gesagte kann sinngemäß auch hier Anwendung finden. Siehe auch das am Schlusse von Anmerkung 27 Ausgeführte.

Hinsichtlich der weiteren Ausführungen muß auf die Bachsche Arbeit selbst verwiesen werden. Vgl. auch die Darlegungen in der Zeitschrift des Vereins deutscher Ingenieure 1908 S. 1781 u. f. Die zurzeit noch bestehende Unsicherheit ist anschaulich in Elastizität und Festigkeit 6. Aufl. S. 553 Fußbemerkung geschildert.

26.

Diese Gleichung kann auf demselben Wege wie Gl. 4, S. 60 abgeleitet werden, wenn an Stelle des Wertes $\sqrt{a^2}$ das arithmetrische Mittel aus d_1 und d_2 d. i. $\frac{1}{2}(d_1 + d_2)$ eingeführt wird, vgl. S. 110 der Anmerkung 25. Die zugelassenen Beanspruchungen sind deshalb hier ebenso groß, wie dort ermittelt mit der Genauigkeit, mit welcher die bezeichnete Einsetzung zutreffend ist.

27.

Auf dem in Anmerkung 25 unter a) eingeschlagenen Wege findet sich in bezug auf die Diagonale der rechteckigen Platte:

Die Belastung der halben überstehenden Platte $\qquad \frac{1}{2}\,p\,a\,b$

Die Auflagerkraft $\qquad\qquad\qquad\qquad\qquad\qquad \frac{1}{2}\,p\,a\,b$

Das Moment der ersteren $\qquad\qquad -\,p\frac{a\,b}{2}\cdot\frac{1}{3}\frac{a\,b}{\sqrt{a^2+b^2}}$ [1])

Das Moment der letzteren $\qquad\qquad p\frac{a\,b}{2}\cdot\frac{1}{2}\frac{a\,b}{\sqrt{a^2+b^2}}$

Das biegende Moment in bezug auf die Diagonale

$$p\frac{a\,b}{2}\frac{a\,b}{\sqrt{a^2+b^2}}\left(\frac{1}{2}-\frac{1}{3}\right)=p\frac{a\,b}{12}\frac{a\,b}{\sqrt{a^2+b^2}}$$

Die Biegungsbeanspruchung

$$k_b=\mu\,p\,\frac{a\,b}{12}\frac{a\,b}{\sqrt{a^2+b^2}}:\frac{1}{6}s^2\sqrt{a^2+b^2}=\frac{\mu\,p}{2\,s^2}\frac{b^2}{1+\left(\dfrac{b}{a}\right)^2}$$

womit Gl. 6 abgeleitet ist [2]).

---

[1]) Die Höhe des rechtwinkligen Dreiecks, das der überstehenden Plattenhälfte entspricht, beträgt $h=\dfrac{a\,b}{\sqrt{a^2+b^2}}$.

[2]) Unter Verwendung der Bezeichnung h kann geschrieben werden

$$k_b=\frac{\mu\,p}{2\,s^2}h^2 \quad\text{oder}\quad s=h\sqrt{\frac{\mu\,p}{2\,k_b}}$$

Dem Werte des Koeffizienten 0,053 in Gl. 6 entspricht somit
$$\mu = 2 \cdot 0{,}053^2 = 0{,}0056.$$

Wäre b in cm einzusetzen, so würde sich ergeben
$$\mu = 0{,}56.$$

Die Größe von $\dfrac{\mu}{2}$ beträgt somit $\dfrac{\mu}{2} = 0{,}28 = \sim \dfrac{9}{32}$.

Dieser Wert ist in Anmerkung 25 unter b) S. 115 eingeführt, wenn die Befestigung am Rande der Platte eine derartige ist, daß eine geringe Nachgiebigkeit eintreten kann (der dort auftretende Wert $m = {}^1/_{16}$). Hinsichtlich des Näheren muß auf Anmerkung 25 sowie die dort angegebenen Quellen verwiesen werden. Gl. 6 berücksichtigt also stillschweigend den günstigsten Fall der Befestigung am Rande, der allerdings wohl oft vorhanden sein wird.

Die Beanspruchung fällt hiernach bei sehr nachgiebigem Auflager in der Plattenmitte, bei sehr festem Auflager am Plattenrande höher aus, als der Gl. 6 entspricht. Der Wert von s aus Gl. 6 wird in solchen Fällen zu klein ermittelt. Hierauf wird insbesondere dann das Augenmerk zu richten sein, wenn Dichtungsmaterial Verwendung findet. Auch die Formänderungen, welche durch Erwärmung und Abkühlung entstehen, können Bedeutung erlangen, ein Gesichtspunkt, der ganz allgemein zu beachten ist.

Steht zu erwarten, daß die Platten beim Nieten durch Verziehen Beanspruchungen erfuhren oder daß durch Geraderichten solche entstanden sind, daß die Platten ungleichförmig erhitzt werden usw., so ist dem noch besonders Rechnung zu tragen. Über die neuesten Versuche berichtet Bach in der Zeitschrift des Vereines deutscher Ingenieure 1908, S. 1781 u. f. Weitere Untersuchungen sind im Gange.

28.

Auf dem in Anmerkung 25 gegebenen Wege findet sich für die halbe über den Durchmesser, längs welchem die Einspannung angenommen wird, vorstehende Platte:

Das Moment des Flüssigkeitsdruckes $\qquad -p\,\dfrac{d^2\,\pi}{8} \cdot \dfrac{2\,d}{3\,\pi}$

Das Moment des Auflagerdruckes $\qquad p\,\dfrac{d^2\,\pi}{8} \cdot \dfrac{d}{\pi}$

Das biegende Moment $\qquad p\,\dfrac{d^2\,\pi}{8}\left(1-\dfrac{2}{3}\right)\cdot\dfrac{d}{\pi}=\dfrac{p\,d^3}{24}$

Die Biegungsbeanspruchung $\qquad k_b=\dfrac{\mu\,p\,d^3}{24}:\dfrac{1}{6}\,d\,s^2=\dfrac{\mu}{4}\,p\,\dfrac{d^2}{s^2}$

oder $\qquad\qquad\qquad\qquad\quad s=d\sqrt{\dfrac{\mu}{4\,k_b}\,p}$

An Stelle des Faktors $\dfrac{\mu}{4}$ kann nach den Darlegungen auf

S. 115 der Anmerkung 25 gesetzt werden $\dfrac{12}{7}$ m, wobei beträgt

$m={}^1/_8$ wenn die Platte am Rande frei aufliegt,
$m={}^1/_{12}$,, ,, ,, ,, ,, fest eingespannt ist,
$m={}^1/_{16}$,, ,, ,, ,, ,, weder frei aufliegt,
noch ganz fest eingespannt ist.

Der erste Fall dürfte bei Kesselteilen schon mit Rücksicht auf die erforderliche Abdichtung nicht eintreten. Wir erhalten mit:

$m={}^1/_{12}\qquad\qquad s=d\sqrt{\dfrac{12}{7}\cdot\dfrac{1}{12}\,\dfrac{p}{k_b}}=d\sqrt{\dfrac{1}{7}\,\dfrac{p}{k_b}}$

$m={}^1/_{16}\qquad\qquad s=d\sqrt{\dfrac{12}{7}\cdot\dfrac{1}{16}\,\dfrac{p}{k_b}}=d\sqrt{\dfrac{3}{28}\,\dfrac{p}{k_b}}$

Somit ist der Gl. 7 S. 64 zugrunde gelegt eine Beanspruchung

$$k_b=\frac{3}{28}\,\frac{1}{0{,}017^2}=310 \text{ bis } \frac{1}{7}\cdot\frac{1}{0{,}017^2}=413 \text{ kg/qcm}.$$

Je nach der Art der Auflagerbefestigung kann die Beanspruchung dem einen oder anderen Wert näher liegen, unter Umständen auch die obere Grenze etwas überschreiten. Vgl. hierüber Anmerkung 27.

Die der tatsächlichen Gestalt der ganzen Platte entsprechende Beanspruchung wird in der Regel mehr oder minder abweichen von derjenigen, welche sich nach Gl. 7 ergibt.

29.

Es ist, wie schon in Anmerkung 25 hervorgehoben, zu beachten, daß Gl. 4 aufgestellt ist für Platten, die in einzelnen Punkten — dort, wo die Stehbolzen sitzen — unterstützt sind. Hier erfolgt Übertragung dieser Gleichung auf ganz andere Ver hältnisse, was nicht ohne weiteres zulässig erscheint (vgl. die in Anmerkung 25, S. 112 im vorletzten Absatz unter a erwähnte Arbeit von Bach).

30.

Vgl. Anmerkung 35 zu S. 72.

31.

Die Ableitung kann auf demselben Wege erfolgen wie in Anmerkung 25 angegeben.

Mit $c = 0,0185$ ergibt sich gemäß S. 110 und 111

$$0,0185 = \sqrt{\frac{0,278}{k_b}}$$

und hieraus

$$k_b = \frac{0,278}{0,0185^2} = \text{rd. } 810 \text{ kg/qcm bzw. } 8,1 \text{ kg/qmm.}$$

Mit $c = 0,0215$ kommt $k_b = $ rd. 600 kg/qcm bzw. 6 kg/qmm. Vgl. auch Fußbemerkung 1 und 2, S. 111.

32.

Gl. 8 ist aus Gl. 4 hergeleitet worden, indem von einer Zugfestigkeit des Eisens von 34 kg/qcm ausgegangen wurde $(5,83^2 = 34)$.

Für Gl. 4 fand sich (S. 110, Anmerkung 25):

$$c = \sqrt{\frac{0,139}{k_b}},$$

somit für Gl. 8

$$\frac{5,83\,c}{\sqrt{K}} = \sqrt{\frac{0,139}{k_b}}$$

oder

$$k_b = \frac{K}{5,83^2} \cdot \frac{0,139}{c^2}.$$

An Stelle von $\dfrac{1}{c^2}$ ist also derselbe Wert, multipliziert mit dem Verhältnis der Zugfestigkeit des Kupfers K und des Eisens ($= 34$ kg/qmm) getreten. Vgl. auch S. 111.

Für $K = 20$ kg/qmm findet sich z. B. bei $c = 0,015$:

$$k_b = \frac{20}{34} \cdot \frac{0,139}{0,015^2} = 3,64 \text{ kg/qmm}$$

gegenüber rd. 6,2 kg/qmm bei Flußeisen.

33.

Bach gibt in seiner Arbeit „Untersuchungen über die Formänderungen und die Anstrengung flacher Böden" (Zeitschrift des
Vereins Deutscher Ingenieure 1897, S. 1157 u. f., 1191 u. f., 1218 u. f.,
s. a. „Versuche über die Widerstandsfähigkeit von Kesselwandungen", Heft 2.) folgende Gleichung an:

$$k_b \geqq \frac{1}{2}\frac{r}{s} + \mu\left\{\left(\frac{d-r\left(1+\frac{2\,r}{d}\right)}{2\,s}\right)^2\right\} p.$$

Die Entstehung dieser Gleichung kann etwa auf folgende
Weise gedeutet werden. Das erste Glied $\dfrac{1}{2}\dfrac{r}{s}\,p$ rührt von der
Belastung her, welche infolge des Flüssigkeitsdruckes auf die
Wölbung in radialer Richtung entsteht (ein gleicher Betrag wird
vom Zylindermantel aufgenommen). In der Regel fällt der Wert
dieses Gliedes klein aus gegenüber dem
des zweiten (quadratischen) Gliedes. Dieses trägt der
Biegungsbeanspruchung Rechnung, die der obere Teil des
Bodens erfährt (s. u.).

Für die meisten Fälle kann deshalb einfacher gesetzt werden

$$k_b \geqq \mu\left\{\frac{d-r\left(1+\frac{2\,r}{d}\right)}{2\,s}\right\}^2 p.$$

Die Größe

$$\mu \cdot \frac{d^2}{4\,s^2}\,p$$

bedeutet, wie in Anmerkung 28, S. 119 abgeleitet, die Biegungsbe-
anspruchung einer ebenen, kreisrunden Platte vom Durchmesser d.
Die Größe von μ kann nach Maßgabe des in Anmerkung 25,
S. 115 Bemerkten gesetzt werden zu

$$\mu = 4\cdot\frac{12}{7}\,m, \quad \text{wo} \quad m = \frac{1}{16} \text{ bis } \frac{1}{12},$$

je nach der Befestigung der Platte am Rande, also

$$\mu = \frac{4\cdot 12}{7}\cdot\frac{1}{16} = \frac{3}{7} \text{ bis } 4\cdot\frac{12}{7}\cdot\frac{1}{12} = \frac{4}{7}.$$

Im vorliegenden Fall findet jedoch durch den anstoßenden, gewölbten Rand der Platte eine etwas weitergehende Versteifung statt, so daß es zulässig wird, $\mu = \dfrac{3}{8}$ zu setzen, wie es bei den Vorschriften für Schiffsdampfkessel geschehen ist. (Vgl. Anmerkung 25, S. 116, Fußbemerkung 1.)

Die Größe des ebenen Teiles des Bodens ist nun um 2 r kleiner als d, so daß daran gedacht werden könnte, statt d den Wert (d — 2 r) in die Rechnung einzuführen. Nähere Überlegung zeigt jedoch, daß dann die Belastung der Krempe in axialer Richtung außer acht gelassen wäre. Auch zeigt sich beim Versuch, daß die Krempe die am stärksten beanspruchte Stelle ist[1]) (dort springt bei Flußeisenböden zuerst der Zunder ab; längs der Krempe brechen Böden aus Gußeisen) vgl. Fig. 35 bei B. Es wird daher ein kleinerer Betrag als 2 r abzuziehen sein; zunächst etwa die Größe r.

Der zweite abgezogene Posten $r \cdot \dfrac{2\,r}{d}$ trägt dem Umstand Rechnung, daß die in radialer Richtung auf die Krempe wirkende Belastung ein biegendes Moment erzeugt, das die Beanspruchung des Bodens vermindert. Schließlich ist zu beachten, daß die Krempung einen Körper mit gekrümmter Mittellinie darstellt. Bekanntlich fällt bei Stäben mit gekrümmter Achse die Beanspruchung unter sonst gleichen Verhältnissen um so höher aus, je schärfer die Krümmung, d. h. je kleiner das Verhältnis r : s ist (vgl. hierüber C. Bach, Elastizität und Festigkeit, 6. Aufl. 1911, S. 456 u. f., sowie S. 508 u. f. und S. 584). Die durch scharfe Ausrundung bewirkte Spannungserhöhung kann mehrere hundert Prozent betragen, abgesehen von der größeren Beanspruchung des Materials bei Herstellung der Krempung. Es empfiehlt sich also, r groß zu wählen[1]). Auch in dieser Richtung wirkt das negative Vorzeichen.

---

[1]) Dies ist namentlich im Hinblick auf das häufige Vorkommen von Krempenrissen (bei Kesselteilen aller Art) zu beachten. Daß bei der Bearbeitung der Böden sachgemäß verfahren, zu starke und zu langdauernde oder zu geringe und zu wenig gleichförmige Erwärmung vermieden wird, ist eine für alle Kesselteile unbedingt zu erfüllende Voraussetzung, gegen die allerdings häufig verstoßen wird (vgl. das in Fußbem. 2, S. 110 genannte Protokoll, S. 57, 59 sowie die in Fußbemerkung 1, S. 92 angeführten Arbeiten).

Mit $\mu = \dfrac{3}{8}$ ergibt sich aus der letzten Gleichung

$$s = \left\{ d - r\left(1 + \frac{2\,r}{d}\right) \right\} \sqrt{\frac{3\,p}{32\,k_b}} \, ;$$

somit aus Gl. 10 S 68

$$98 = \sqrt{\frac{32}{3}\,k_b} \quad \text{oder} \quad k_b = \frac{98^2 \cdot 3}{32} = \text{rd.} \ \ 900 \ \text{kg/qcm}$$

oder $9 \ \text{kg/qmm}$

als Größe der zugelassenen Beanspruchung.

Die Gl. 10 und 11 der Bauvorschriften für Schiffsdampfkessel stimmen mit Gl. 10 und 11 der Bauvorschriften für Landdampfkessel überein, wenn für K der Wert 36 d. i. das vierfache der bei Landdampfkesseln zugelassenen Beanspruchung von $9 \ \text{kg/qmm}$ eingesetzt wird. Der notwendige Faktor 100 im Nenner ist die Folge des Umstandes, daß p in kg/qcm, K in kg/qmm einzuführen ist.

Die Prüfung, ob die zuerst angeführte Gleichung hinreichend zutreffende Ergebnisse liefert, ist von Bach an Hand der eingangs erwähnten Versuche mit flußeisernen und gußeisernen Böden vorgenommen worden. Hinsichtlich aller Einzelheiten muß auf die angeführte Stelle verwiesen werden. Hier sei nur daran erinnert, daß nach der dargelegten Sachlage die stillschweigende Voraussetzung besteht, daß beim Einnieten oder sonstwie kein Verspannen des Bodens von Bedeutung entstanden sein darf. Ebenso ist gleichförmige Erwärmung sowie stetig wirkender Druck vorausgesetzt. (Vgl. auch Anmerkung 37, Schluß.)

34.

Die Ableitung dieser Gleichung ist in Anmerkung 25, S. 108 u. f. angegeben. Versuche zur Bestimmung des Widerstandes, den eingewalzte Rohre dem Herausziehen entgegensetzen, sind wiederholt gemacht worden. Vgl. z. B. Zeitschrift des Bayerischen Revisionsvereins, 1912, S. 73. Die dort angeführten Versuche mit 80 mm weiten Rohren ergaben beim Abstreifen (in gewöhnlicher Temperatur) je nach der Art der Walzbefestigung $\sigma = 258$ bis $1010 \ \text{kg/cm}$.

35.

Dieselbe Vorschrift ist in den Bauvorschriften für Schiffsdampfkessel unter Ziff. 5 S. 63 enthalten.

Denken wir uns die Decke der Feuerbüchse von den Seiten-
wänden losgeschnitten, so erscheint die oberste Rohrreihe auf
die Breite b belastet durch die Hälfte der Kraft p w b; wird
als tragend die Stegbreite (b—d) angesehen, so steht zur Verfügung der Querschnitt (b—d). s.

Die Beanspruchung beträgt also

$$k_z = \frac{p\,w\,b}{2\,s\,(b-d)\cdot 100}\ \mathrm{kg/qmm}.$$

Dementsprechend wäre bei Aufstellung der Gl. 14, S. 72
bzw. Gl. 6, S. 63 die Beanspruchung

$$k_z = 1900 : 200 = 9{,}5\ \mathrm{kg/qmm}$$

zugelassen.

Bei der vorstehenden Ableitung ist außer acht gelassen:
einerseits, daß sich, wie erwähnt, die Seitenwände am Tragen der
Deckenbelastung beteiligen, andererseits, daß die Rohrwand auch
Biegungsbelastung erfährt.

In Betracht kommt ferner die Einwirkung der Rohröff-
nungen — hierüber sei auf C. Bach, Elastizität und Festigkeit,
6. Aufl., S. 108 u. f. verwiesen — sowie diejenige des beim Einwalzen erzeugten Lochwanddruckes und der damit verbundenen
Materialzerquetschung, die bedeutender sein kann, als zunächst
erwartet (vgl. Fußbemerkung 2, S. 111). Schließlich ist auch der
Wirkung der vorhandenen Temperaturschwankungen usw. volle
Beachtung zu schenken.

Inwieweit diese Gesichtspunkte bei der Wahl des Faktors
1900 in Gl. 14 Berücksichtigung erfahren haben, muß dahin-
gestellt bleiben. Jedenfalls verdienen sie volle Beachtung.

36.

Diese Gleichung behandelt den Boden, wie wenn er
einer ganzen Kugel angehörte. Erfahrungsgemäß ist die Beanspruchung an der Krempe erheblich größer, infolge der
dort auftretenden Biegungsbeanspruchung (vgl. hierüber die auch
für gewölbte Böden geltenden Darlegungen in Anmerkung 33,
S. 122). Diesem Umstand wird durch Wahl einer geringen zulässigen Beanspruchung Rechnung getragen. Bei den von Bach
ausgeführten Versuchen (Zeitschrift des Vereines deutscher Ingenieure 1899, S. 1585 u. f. oder Heft 5 der „Versuche über die
Widerstandsfähigkeit von Kesselwandungen") haben sich an der

Krempung Werte der Beanspruchung ergeben, welche das zweifache des nach Gl. 12 zu zu erwartenden Betrages überschritten.

Vgl. auch das in Anmerkung 33 und 37 Ausgeführte.

Über Flammrohrböden vgl. die Versuche von Bach sowie die Rechnungen von Pfleiderer in den Mitteilungen über Forschungsarbeiten, Heft 51/52, s. a. Zeitschrift des Vereines deutscher Ingenieure 1908, S. 792 u. f.

37.

Diese Beziehungen rühren von Bach her. (Zeitschrift des Vereines deutscher Ingenieure 1902, S. 333 u. f., S. 375 u. f., oder Heft 6 der „Versuche über die Widerstandsfähigkeit von Kesselwandungen"; vgl. auch „Die Maschinenelemente", 10. Aufl. 1908, S. 256 u. f. Auf diese Stellen muß hier hinsichtlich aller Einzelheiten verwiesen werden.)

Gl. 16 gibt die Druckbeanspruchung, welche in dem Material einer Kugel entsteht, die durch äußeren Überdruck gleichförmige Belastung erfährt. (Belastete Fläche in der Projektion $r^2 \pi$; tragender Querschnitt $2 r \pi s$, somit Druckbeanspruchung $r^2 \pi \cdot p_0 : 2 r \pi s = r p_0 : 2 s$. Der im Nenner noch vorhandene Faktor 100 trägt dem Umstande Rechnung, daß p_0 in Atmosphären, d. s. kg/qcm, die Beanspruchung k_0 dagegen in kg/qmm ausgedrückt werden soll.)

Gl. 17 S. 74 ist empirisch und bringt die Versuchsergebnisse sehr befriedigend zum Ausdruck [1]. Sie läßt erkennen, daß für kleine Werte des Verhältnisses $r : s$, d. h. wenn die Kugel klein oder die Wandstärke groß ist, der Wert A den Ausschlag gibt; A entspricht mit Annäherung der Quetschgrenze des Bodenmaterials.

Wird dagegen $r : s$ groß, also die Kugel groß und dünn-

---

[1] Geprüft wurden folgende Böden (Durchmesser der Böden bei den 15 ersten Probekörpern 700 mm):

Material	Kupfer, gehämmert									
r	400	410	412	411	405	412	855	870	870	821
s	7,8	8,7	5,2	5,7	2,8	2,8	7,8	8,3	2,8	2,7

Material	Flußeisen					Flußeisen, aus Segmenten zusammengesetzt
r	1010	897	886	1000	980	3300
s	10,2	10,8	15,9	6,9	12,9	12

wandig, so wird von dem Wert A ein großer Betrag abgezogen, die Einbeulung tritt bei geringer Pressung k_0 bezw. p_0 ein.

Im Grenzfall liefert Gl. 17 mit $k_0 = 0$

$$A = B\sqrt{\frac{r}{s}} \quad \text{oder} \quad r = \left(\frac{A}{B}\right)^2 s.$$

Würde also z. B. für $s = 1$ mm r den Wert $\left(\dfrac{25,5}{1,2}\right)^2 = 452$ mm

erhalten, d. h. wäre eine Kugel von 900 mm Durchmesser bei 1 mm Wandstärke gegeben, so würde eine nennenswerte Widerstandsfähigkeit gegenüber äußerem Überdruck von dieser nicht zu erwarten sein, was auch der Anschauung durchaus entspricht, wenn die unvermeidlichen Unvollkommenheiten der Kugelgestalt (ganz abgesehen von der diese steigernden Wirkung des Eigengewichts usw.) und die zu erwartende Ungleichförmigkeit des Materials im Auge behalten werden.

Zur Berechnung der Wandstärke s, welche erforderlich ist, kann unter Berücksichtigung der Vorschrift Ziff. 2 S. 76 und Gl. 17 gesetzt werden

$$0{,}4\left(A - B\sqrt{\frac{r}{s}}\right) = \frac{1}{200}\, p\, \frac{r}{s}\,.$$

Nach dieser Gleichung sind von G. Eckermann Tabellen berechnet worden (Verlag von Boysen & Maasch, Hamburg).

Bei der Anwendung der Beziehungen 16 und 17 ist zu beachten, daß sie nur zutreffen, wenn folgende Voraussetzungen erfüllt sind:

1. Das Material der Böden ist gut und die Ausführung derselben, namentlich auch in Hinsicht auf die Vollkommenheit der Form, sorgfältig.

2. Bedeutende Ungleichartigkeiten im Zustand des Materials (z. B. bei gehämmerten Böden, infolge verschieden wirksamen Ausglühens oder infolge vorausgegangener Verbeulung mit nachfolgendem Geraderichten) sind nicht vorhanden; insbesondere treten größere Unterschiede in den Temperaturen sowie in der Wandstärke an den verschiedenen Stellen der Wandung nicht auf.

Sind Krümmung und Wandstärke nicht an allen Teilen der Schale gleich groß, so ist zur Berechnung die Stelle zu wählen, an der r : s am größten ausfällt. Insbesondere ist die Wandstärke am Rande zu prüfen, welche bei der Herstellung manchmal geringer ausfällt als die in der Mitte. Am Rande treten auch beim Einnieten leicht Abflachungen usw. ein.

3. Die Temperatur des Heizdampfes überschreitet 158° C (entsprechend $p = 5$ at) nicht. Andernfalls ist die zugelassene Materialanstrengung zu erniedrigen.

4. Bei der Befestigung, insbesondere bei Einnietung des Bodens ist darauf zu achten, daß Spannungen und Formänderungen, die das Entstehen von Einbeulungen begünstigen können, ferngehalten werden.

Eine solche Vorschubleistung kann leicht eintreten, wenn der Hohlzylinder, in den der Boden eingenietet werden soll, größere Weite besitzt als dem äußeren Durchmesser des Bodens entspricht oder wenn beim Nieten und Verstemmen unsachgemäß verfahren wird.

5. Die Gestalt des Bodens und seine Befestigung am Umfange müssen so sein, daß die infolge der Belastung durch den Flüssigkeitsdruck von der Befestigungsstelle auf die Kugelwandung zurückwirkende Biegungsinanspruchnahme nicht zu bedeutend ausfällt. Die Auflagerkraft soll in bezug auf den anschließenden Teil der Kugelschale keinen Hebelarm von erheblicher Größe aufweisen. In dieser Hinsicht sei nochmals auf die eingangs erwähnten Quellen verwiesen, in denen schlechte und gute Konstruktionen gekennzeichnet und dargestellt sind.

Kann eine solche zweckmäßige Ausführung nicht stattfinden, so ist nur ein Teil des Wertes von $0,4\, k_0$ zuzulassen.

6. Der Druck wirkt stetig, nicht stoßweise.

38.

Wird Gl. 18 zugrunde gelegt, also angenommen, die Beanspruchung der Schraube ergebe sich als Quotient aus der wirkenden Kraft, dividiert durch den Kernquerschnitt (über die tatsächlichen Verhältnisse vgl. C. B a c h, Die Maschinenelemente, 10. Aufl. 1908, S. 138 u. f.) so betragen die zugelassenen Beanspruchungen

beim Koeffizienten 0,4 : 2 kg/qmm für Schrauben von ½″ bis
    6,8 kg/qmm für solche von **3″**,
beim Koeffizienten 0,45 : 1,6 kg/qmm für Schrauben von ½″ bis
    5,4 kg/qmm für solche von **3″**,
beim Koeffizienten 0,55 : 1 kg/qmm für Schrauben von ½″ bis
    3,6 kg/qmm für solche von **3″**.

39.

Die durch Fig. 30, Anmerkung 25, gekennzeichneten Verhältnisse gaben im Jahre 1891 zur Aufstellung dieser Formel durch Abel Veranlassung. Näheres s. z. B. in C. Bach, Die Maschinenelemente, 10. Aufl. 1908, S. 864 u. f.

40.

Nach dem Beschluß der deutschen Dampfkessel-Normenkommission vom 29. Oktober 1910 (S. 26 der Niederschrift) soll bei den Stehbolzen von Schiffskesseln mit rückkehrenden Heizrohrengemäß dem nachstehenden Schreiben verfahren werden:[1]

Der Minister   Berlin, den 29. Juni 1910.
für Handel und Gewerbe.
     J.-Nr. III. 5726.

Bei der Genehmigung von Schiffskesseln mit rückkehrenden Heizrohren wird von den Dampfkesselvereinen in Preußen bei der rechnerischen Nachprüfung der Stärke der obersten Stehbolzenreihe verschieden verfahren. Während ein Teil der Dienststellen die Stehbolzen der obersten Reihe nach Maßgabe der Druckfläche der übrigen Stehbolzenreihen für ausreichend stark bemessen erachtet, hält ein anderer diese Rechnung nur dann für zulässig, wenn das durch die Anker oberhalb der Stehbolzen gehaltene Feld sich mindestens mit dem Stehbolzenfeld berührt, andernfalls die Stehbolzen nach Maßgabe des entstehenden größeren Druckfeldes (bis zum Ankerfeld gehend) berechnet werden müssen.

Endlich soll an dritter Stelle auch unter der Annahme gerechnet werden, daß die oberste Stehbolzenreihe sich mit der darüber liegenden Ankerreihe, unbeachtet der größeren Stärke der Anker, in die zwischen beiden liegende Druckfläche zu teilen habe.

M. E. entspricht die zweite Art der Berechnung den Verhältnissen am besten. Es werden dadurch unter Umständen in der obersten Stehbolzenreihe größere Durchmesser als in den übrigen Reihen erforderlich, während es schon aus praktischen Gründen ausgeschlossen sein dürfte, daß bei Überschneidung des

---

[1] Hinsichtlich der Frage, welche Belastung auf die Anker entfällt, die zur Verankerung ebener Bodenfelder dienen, besteht noch Unsicherheit. Diesbezügliche Versuche sind im Auftrag des Internationalen Verbandes der Dampfkessel-Überwachungsvereine in der Materialprüfungsanstalt Stuttgart im Gang.

Anker- und Stehbolzenfeldes die Stehbolzen entsprechend schwächer gewählt werden usf.

41.

Diese Berechnungsart wurde von Bach für den Internationalen Verband der Dampfkessel-Überwachungsvereine 1902 ausgearbeitet (vgl. Protokoll der 31. Delegierten- und Ingenieurversammlung dieses Verbandes, S. 26 u. f. sowie C. Bach, Die Maschinenelemente, X. Aufl., S. 220 u. f.

Es ist zu beachten, daß die Träger gleichförmig erwärmt sind, so daß die bedeutende Unsicherheit, die bei den Kesselwandungen hinsichtlich der Wärmespannungen herrscht, entfällt. Die zugelassene Belastung erscheint daher nicht hoch, namentlich auch deshalb, weil die Tragfähigkeit des Deckenblechs außer Acht gelassen wurde und weil es sich um Biegungsbeanspruchung handelt (S. 110, Fußbemerkung 2). Eine Erhöhung der zulässigen Inanspruchnahme würde wohl in Einzelfällen erwünscht sein können.

42.

Beschluß der Deutschen Dampfkessel-Normenkommission vom 29. Oktober 1910, S. 25 der Niederschrift:

„Gepreßte Mannlochverstärkungen für Land- und Schiffsdampfkessel sowie Mannlochdeckel und -Bügel für Land- und Schiffsdampfkessel bedürfen in der Regel keiner Abnahme.'

43.

Vgl. hierüber die Versuche und Darlegungen von Bach in der Zeitschrift des Vereines Deutscher Ingenieure 1903, S. 25 u. f. Vgl. auch dieselbe Zeitschrift 1894, S. 868 u. f. (Schwächung infolge seitlicher Stutzen-Abzweigung). Näheres Eingehen auf diese sehr interessanten Versuche würde hier zu weit führen, auch ist noch weitergehende Klarstellung erforderlich.

44.

Diese Vorschrift soll Aushilfe schaffen für Fälle, in denen man nicht imstande ist, ausreichend sichere Berechnung eintreten zu lassen. Sie wurde erforderlich, als die Absicht bestand, die Vereinbarungen des Internationalen Verbandes der Dampfkesselüberwachungsvereine (Würzburger und Hamburger Normen) zu behördlichen Festsetzungen zu erheben und ist von dem genannten Verband auf Antrag von Bach beschlossen (S. 134 und 135 des Protokolls der 34. Delegierten- und Ingenieurversammlung zu Amsterdam).

Überschreitet die Beanspruchung an irgend einer Stelle eines ausgeglühten Fluß- oder Schweißeisenkörpers die Streckgrenze, so springt dort die Walzhaut ab. Hierdurch entstehen die sogenannten Streckfiguren, Linien, deren Richtung unter rund 45 Grad gegen diejenige der größten auftretenden Normalbeanspruchung geneigt ist. Auf diese Weise kann Ort, Richtung und Höhe (Streckgrenze) der größten vorhandenen Beanspruchung gefunden werden.

Ist infolge vorausgegangener Beanspruchung die Streckgrenze bereits überschritten, der Zunder also schon abgesprengt worden, so treten Streckfiguren nicht mehr auf.

An blank bearbeiteten Flächen sind die Streckfiguren ebenfalls zu beobachten, da sie aus der ursprünglich ebenen Fläche heraustreten, und so im schräg auffallenden Licht sichtbar werden.

Abbildungen von Streckfiguren an Kesselteilen finden sich z. B. in Heft 51/52 der Mitteilungen über Forschungsarbeiten, herausgegeben vom Verein deutscher Ingenieure (Flammrohrböden), in C. Bach, Die Maschinenelemente, 10. Aufl. 1908, S. 266, Zeitschrift des Vereines deutscher Ingenieure 1899, S. 1585 u. f. (gewölbte Böden) Heft 83/84 der Mitteilungen über Forschungsarbeiten, Fig. 93, Taf. VIII (Schweißspannungen) usw.

Schlußwort.

Im Vorstehenden ist der Versuch gemacht worden, die Grundlagen, auf denen die Material- und Bauvorschriften entstanden sind, soweit darzustellen, daß die Verhältnisse, welche für die Erlassung der einzelnen Bestimmungen maßgebend waren, ausreichend zu erkennen sind. Zu diesem Zwecke ist insbesondere in den Anmerkungen zu den Bauvorschriften an vielen Stellen eine Ableitung der vorgeschriebenen Gleichungen gegeben — soweit dies möglich war — um der Undurchsichtigkeit der starren Formeln entgegen zu wirken. Ferner wurde die Höhe der jeweils zugelassenen Beanspruchung ermittelt, um auch in dieser Hinsicht den unbedingt notwendigen Einblick zu gewähren. An geeigneten Stellen wurde schließlich Anlaß genommen, die in den Formeln nicht zum Ausdruck gelangenden Gesichtspunkte der Herstellung und des Betriebes, gegebenenfalls auch den Stand der heutigen Erkenntnis, zu erörtern. Die Erfahrungen, die durch die Unter-

suchung von „Unfallblechen“ und andern geschädigten Kesselteilen gewonnen wurden, ließen dies besonders zweckmäßig erscheinen.

Es darf nicht erwartet werden, daß es gelingt, diese Absichten
frei von Lücken und Mängeln zu erreichen. Es sei daher an
alle Leser die Bitte gerichtet, auf solche Mängel aufmerksam
zu machen, damit wenigstens im Laufe der Zeit nach Möglichkeit
Vollkommenes erzielt wird.

Bei der Beurteilung darf nicht außer acht gelassen werden,
daß es nicht möglich ist, in dem der Natur der Sache nach eng
begrenzten Rahmen dieser Schrift alle Gesichtspunkte mit der
Ausführlichkeit zu behandeln, die ihnen oft zukäme. Der Leser
welcher eingehende Klarstellung anstrebt, wie sie zur Übernahme
der vollen Verantwortung nötig ist, muß deshalb auf die Quellen
verwiesen werden, deren Angabe in dieser Erkenntnis erfolgte.

Wenn die Schrift — insbesondere auch in den Kreisen der
Studierenden — Anregung geben würde, die Quellen öfter und
eingehender aufzusuchen, als es häufig geschieht, so wäre damit
ein wesentlicher Zweck der Arbeit erreicht.

DIE LEHRE VON DEN PUPILLENBEWEGUNGEN

VON

DR. CARL BEHR

O.Ö. PROFESSOR DER AUGENHEILKUNDE
AN DER HAMBURGISCHEN UNIVERSITÄT

MIT 34 TEXTFIGUREN

SPRINGER-VERLAG BERLIN HEIDELBERG GMBH
1924

BILDET ZUGLEICH BAND II DER UNTERSUCHUNGSMETHODEN VON
HANDBUCH DER GESAMTEN AUGENHEILKUNDE
BEGRÜNDET VON A. GRAEFE UND TH. SAEMISCH
DRITTE AUFLAGE

ISBN 978-3-642-89527-2   ISBN 978-3-642-91383-9 (eBook)
DOI 10.1007/978-3-642-91383-9